Grossstädtische Kraftwerke für Privatbetriebe

(NACH FREMDEN UND EIGENEN ENTWÜRFEN)

VON

E. JOSSE
PROFESSOR AN DER KGL. TECHNISCHEN HOCHSCHULE ZU BERLIN

——————

(SONDERABDRUCK AUS DER ZEITSCHRIFT DES VEREINES DEUTSCHER INGENIEURE)

——————

MIT 45 TEXTFIGUREN

MÜNCHEN UND BERLIN
VERLAG VON R. OLDENBOURG
1907

INHALTSANGABE.

Großstädtische Kraftwerke für Privatbetriebe.

Der vielseitige Bedarf an elektrischem Strom für Licht- und Kraftzwecke in Berlin hat eine beispiellose Entwicklung der öffentlichen Elektrizitätswerke (B. E. W.) und eine gewaltige Ausdehnung ihrer Kabelnetze zur Folge gehabt.

Daneben haben aber die eigenartigen Verhältnisse der Großstadt und das Bestreben, die Energie so billig wie möglich zu erhalten, in den letzten Jahren auch zahlreiche Privatkraftwerke entstehen lassen, die mitunter in technischer Beziehung eigenartig aufgebaut sind und allgemeineres Interesse beanspruchen dürfen. Ich glaube daher, über diese Werke, von denen einige unter meiner Leitung erbaut worden sind, berichten zu sollen.

Der Wirkungsbereich der Privatkraftwerke kann höchstens auf einen Häuserblock ausgedehnt werden, da die B. E. W. das ausschließliche Recht der Kabellegung in den Straßen Berlins besitzen.

Umfang, Betriebskraft, Betriebskosten und Raumverhältnisse der Privatwerke.

Bei den Privatkraftwerken handelt es sich im allgemeinen um geringere Kraftleistungen von mehreren hundert Pferdestärken, die jedoch gelegentlich, wie beispielsweise im Geschäftshause A. Wertheim, Leipziger Straße-Voßstraße, mit gegenwärtig rd. 3500 PS in Maschinen und mit einer Dampfkesselanlage für mehr als 5000 PS die Leistung einer bedeutenden großstädtischen Zentrale erreichen.

Das Interesse, das diese Werke bieten, liegt daher nicht in ihrer Größe. Es ergibt sich vielmehr aus der Eigenartigkeit der maschinellen Ausgestaltung infolge der schwierigen örtlichen Verhältnisse; denn diese Anlagen müssen in der Regel in minderwertigen und ungünstigen Räumlichkeiten bewohnter Gebäude untergebracht werden. Das hat in einigen Fällen zu technisch ungewöhnlichen Bauten geführt.

Ein weiterer erschwerender Umstand beim Bau dieser Anlagen folgt aus den zahlreichen bau- und gewerbepolizeilichen Vorschriften, die für die dicht bebaute Großstadt bestehen.

Während für die Großkraftwerke ausschließlich Dampfkraft, und zwar nur noch in der modernsten Form der Dampfturbine, in Betracht kommt, findet man in den Privatkraftwerken neben der Dampfkraft in hervorragendem Maße Sauggas- und Dieselmotoren; ja ich möchte behaupten, daß gerade die billige Energieversorgung durch Sauggas- und Dieselmotoren überhaupt erst einen wirtschaftlichen Betrieb der kleineren Privatkraftwerke ermöglicht hat.

Für die großen Privatkraftwerke ist wohl Dampfkraft allein maßgebend geblieben, da durch die Einführung des Heißdampfbetriebes auch mittlere Einheiten fast ebenso wirtschaftlich arbeiten wie die Großdampfmaschinen und der Vorteil, den die großen Einheiten bei Sattdampfbetrieb boten, mehr und mehr verschwunden ist.

Es ist noch ein andrer Umstand, der bei Privatwerken für die Verwendung von Dampfkraft spricht. In der Regel müssen die Privatkraftwerke die gesamte Energieversorgung der Gebäude übernehmen, und dazu gehört auch die Heizung. Nun ist der Bedarf an Wärme beispielsweise zur Beheizung

Zahlentafel 1.
Brennstoffe für Sauggasanlagen. Oktober 1906.

| | Anthrazit (westfäl.) | Braunkohlen | | Gaskoks |
| | | »Industriebriketts« von Bockwitz, bezg. durch Friedländer & Co Berlin | der Braunkohlen- u. Brikettindustrie A.-G. Berlin | |
	$\mathscr{M}$ für 100 kg	$\mathscr{M}$ für 100 kg	$\mathscr{M}$ für 100 kg	$\mathscr{M}$ für 100 kg
Preis ab Werk		Sommer 0,77 } 0,80 Winter 0,83	0,90	1,75
Fracht nach Berlin		einschl. Fracht	0,41	—
Abfuhr		0,15	—	0,34
Preis frei Verbrauchstelle . .	3,30 [1]	0,95 [2]	1,31 [3]	2,09

Treiböle für Dieselmotoren.

| | Braunkohlenteeröl (Paraffinöl); Bezug: | | Naphthaprodukte Bezug wie unter b) | |
| | a) in Fässern Sendungen von je 5000 kg | b) in Eisenbahn-tankwagen zu 10 000 kg Abfuhr vom Bahn-hof in eigenem Tank-wagen | von Wietze (Prov. Hannover) Mischung 30 vH Anthrazenöl und 70 vH Gasöl | von Dziedicz (Galizien) »Krafton« |
	$\mathscr{M}$ für 100 kg	$\mathscr{M}$ für 100 kg	$\mathscr{M}$ für 100 kg	$\mathscr{M}$ für 100 kg
Preis ab Werk . .	12,00 [4]	(7,15 bis) 7,30 [5]	(7,50 bis) 8,00	6,60 frei Berlin
abzüglich Erlös für leere Fässer (durch-schnittl. 3 $\mathscr{M}$ für das Faß von 160 kg Netto-Inhalt) . .	1,90	—	—	—
zuzüglich Fracht und Abfuhr . .	1,37	0,70	0,65	—
zuzüglich Zoll für 100 kg . . .	—	—	—	3,00
Preis frei Verbrauchstelle . .	11,47	8,00	8,65	9,60

[1] Preise zurzeit im Steigen begriffen; zum Teil wird schon bis 3,75 $\mathscr{M}$ bezahlt.

[2] gewöhnliche Briketts.

[3] höherwertige Briketts kleineren Formats für kleine Generatoren (rd. 25 PS).

[4] seit Oktober 1906; früher 10 $\mathscr{M}$.

[5] ältere, langfristige Abschlüsse.

Zahlentafel 2.

Herkunft und Zeit der Inbetriebsetzung		Normalleistung der vorhandenen Maschinen	Verbrauch, bezogen auf 1 PSe-st					
			1) Brennstoff[1]		2) Schmierung		3) Putzmaterial	
			Menge	Wert	Menge	Wert	Menge	Wert
		PS	g	Pfg	g	Pfg	g	Pfg
Anthrazit-Sauggas.								
elektrische Blockstation	Gasmotorenfabrik Deutz	2 × 80 1 × 50	502[2]	1,66	2.77	0,13	—	0.30
elektr. Kraftwerk eines Warenhauses	Gebr. Körting 1904	3 × 100	597[2]	1,97	9,8	0.44	1,3 55 Pfg pro kg	0,07
desgl. eines elektrotechn. Fabrikbetriebes	desgl. 1900	1 × 60	878[2]	2,90	12,0	0,54	—	0,36
Braunkohlen-Sauggas.								
Metallschraubenfabrik (Transmissionsbetrieb)	Gebr. Körting Jan. 1906	1 × 100	870[3]	0,83	4,4	0,20	—	(0,2)
elektr. Kraftwerk einer Fabrik für Tropenausrüstungen	desgl. April 1906	2 × 25	1070[3]	1,40	gebrauchtes Oel aus dem Fabrikbetrieb		—	(0,2)
Dieselmotoren.								
elektr. Kraftwerk eines Warenhauses .	Maschinenfbr. Augsburg Okt. 1905	3 × 200	227[2]	1,82	4,9	0,22	Putztücher im Abonnement	0,02
Elektrizitätswerk eines Vorortes . .	desgl. Okt. 1905	2 × 250	(1,82)		4,4	0,20	—	(0,02)
desgl. eines fiskalischen Gebäudes . .	desgl. Jan. 1906	2 × 150	(1,82)		4,0	0,18	0,58 (90 Pfg pro kg)	0,05

Die eingeklammerten Zahlen beruhen auf Annahmen.

[1] Brennstoffverbrauch einschließlich der Nebenverluste für Anheizen usw.   [2] Mittelwerte nach mehrmonatigen Betriebsbuchungen.
[3] nach Messungen während einer normalen Betriebswoche.

Zahlentafel 3. Brennstoffaufwand für Kraft und Heizung.

stündlicher Brennstoffaufwand	bei Dampfkraft (Heizung durch Auspuffdampf)	bei Sauggas[3]	bei Dieselmotoren[3]	
			Bezug von 10 000 kg in Fässern	Bezug in Kesselwagen
für Kraft (316 PSe) . . . . ℳ	1,18 (Kohle)[1]	6,20 (Anthrazit)	7,20 (Paraffinöl)	5,75 (Paraffinöl)
» Heizung (rd. 2 000 000 WE) . . . . »	11,10 (»)[2]	11,10 (Kohle)[2]	11,10 (Kohle)[2]	11,10 (Kohle)[3]
insgesamt ℳ	12,28	17,30	18,30	16,85

[1] Mehraufwand zur Erzeugung von hochgespanntem Heißdampf für Maschinenbetrieb gegenüber Niederdruckheizdampf.
[2] zur Erzeugung von Niederdruckheizdampf.   [3] Heizung durch besonders erzeugten Niederdruckheizdampf.

der Warenhäuser mit ihren großen Glasflächen ganz gewaltig. Hier aber ergibt der Dampfbetrieb bei Ausnutzung des Auspuffdampfes zur Heizung auch die wirtschaftlichste Energieversorgung. Diese Erwägung hat sogar zur Vereinigung von Sauggas- und Dampfbetrieb geführt, derart, daß Dampfbetrieb nur soweit durchgeführt wurde, daß genügend Auspuffdampf für die Heizung geliefert werden konnte.

Außerdem sind bei der Wahl der Betriebskraft die oft eigenartigen Betriebsverhältnisse zu berücksichtigen. So muß bei den Warenhäusern häufig die Leistung auf kurze Zeit erheblich gesteigert werden können, indem der normale Strombedarf der Wintermonate eine bedeutende Steigerung in der Ausstellungszeit vor Weihnachten und eine noch weitere Zunahme bei besondern Anlässen, Illuminationen und dergleichen erfährt.

In solchen Fällen ist die Dampfanlage die weitaus anpassungsfähigste, und durch sie ist die Befriedigung dieser Bedürfnisse mit den geringsten Anlagekosten durchzuführen.

Es würde zu weit führen, wenn ich hier auf die Rentabilitätsberechnungen, die sich aus diesen eigenartigen Betriebsverhältnissen ergeben, und die ich für die Kraftwerke der Wertheimschen Geschäftshäuser durchgeführt habe, näher eingehen wollte.

Um ein überschlägliches Urteil über die laufenden Betriebskosten kleinerer Privatkraftwerke zu ermöglichen, hat mein Konstruktionsingenieur Hr. Dr.-Ing. Bendemann auf meine Veranlassung einige Zahlen aus einer Reihe von in Berlin ausgeführten Anlagen für Sauggasbetrieb mit Anthrazit sowie mit Braunkohlen und für Dieselmotorenbetrieb ermittelt. Die Angaben sind teils aus den Betriebsbüchern der

Anlagen, teils durch eigene Aufschreibungen und Versuche festgestellt worden.

In Zahlentafel 1 sind die Bezugpreise für die entsprechenden Brennstoffe, d. s. Anthrazit, Koks, Braunkohlen für Sauggasbetrieb und Paraffinöl für Dieselmotorenbetrieb, angegeben.

In Zahlentafel 2 sind für diese Anlagen die Brennstoffverbrauche für 1 PS-st, Löhne, Oel, Putzmaterial und die gesamten Betriebskosten zusammengestellt.

Danach stellt sich am teuersten der Anthrazit-Sauggasbetrieb; dann folgt der Dieselmotorenbetrieb, während der Braunkohlen-Sauggasbetrieb gegenwärtig wohl als der billigste angesehen werden kann.

An Stelle von Anthrazit findet man auch vereinzelt Koks als Brennstoff. Dies erfordert jedoch wesentlich größere Generatoren, und ich habe die Verwendung von Koks hauptsächlich in Gasanstalten gesehen, die solchen selbst erzeugen. Dabei kommt es häufig vor, daß sie bei Ausschlackperioden dem Sauggas etwas Leuchtgas zusetzen.

Die für Sauggas- und Dieselmotoren angegebenen reinen Betriebskosten von 1 PS geben selbstverständlich kein abschließendes wirtschaftliches Bild, da die laufenden Unterhaltungskosten, die Abschreibung und Verzinsung der Anlagen und die Bewertung der Maschinenräume mit berücksichtigt werden müssen. Es ist unmöglich, diese Verhältnisse in allgemeinen Zahlen auszudrücken.

Wird vom Kraftwerk auch die Versorgung der Heizung verlangt, so ergibt sich der wirtschaftlichste Betrieb bei Verwendung von Dampfmaschinen und Ausnutzung des Abdampfes zur Gebäudeheizung. Das geht aus Zahlentafel 3 hervor, die für das von mir erbaute Kraftwerk des

Gesamt-betrag monatl. ℳ	4) Löhne		Betrag pro PS-st bei guter Aus-nutzung des Pers. Pfg	Summe der Be-triebskosten (1 bis 4) pro PS-st Pfg	Reinigung und Reparaturen pro PS-st Pfg	Bemerkungen
	monatlich geleistete					
	Betrieb-stunden	PS-st				
500	—	39 600	1,26	**3,35**	—	Angaben der Ver-treter der Gas-motorenfabr. Deutz
1120	—	78 500	1,52	**4,00**	—	eigene Ermittlungen und Versuche desgl.
270	413 Belastung 46 PS	19 000	1,42	**5,22**	0,48	desgl.
580	470	47 000	1,23	**2,46**	—	desgl.
190	286	14 300	1,33	**2,93**	—	desgl.
660	120	72 000	0,92	**2.98**	—	desgl.
480	165	82 500	0,58	**2,62**	—	desgl.
450	156 (1 Masch.)	28 400	1,92	**3,97**	—	desgl.

Warenhauses A. Wertheim, Geschäftshaus Rosenthaler Straße, seinerzeit aufgestellt worden ist.

Werden für die Heizung besondere Niederdruckdampfkessel aufgestellt, so er-fordern die stündlich für die Heizung zu liefernden 2 000 000 Wärmeeinheiten einen Brennstoffaufwand von 11,1 ℳ/st. Wird aber überhitzter Hochdruckdampf, der zum Maschinenbetrieb geeignet ist, er-zeugt und Auspuffdampf zur Heizung ver-wendet, so wird die Dampferzeugung zwar etwas teurer (um 1,18 ℳ), dafür werden aber noch 316 PS_e in Auspuffdampfma-schinen gewonnen, deren Erzeugung bei Anthrazitsauggas an Brennstoff stündlich 6,2 ℳ, bei Dieselmotorenbetrieb 5,75 ℳ erfordert haben würde.

Wird keine Heizung nötig, so werden die Dampfmaschinen so wirtschaftlich wie möglich, also mit Kondensation betrieben.

Das Eigenartige der Privatkraftwerke liegt in der Raumfrage. Die Maschinen-anlagen müssen oft in den ungünstigsten, für den Geschäftsbetrieb minderwertigen Räumlichkeiten untergebracht werden. Vornehmlich kommen hier die Keller-räume in Betracht, manchmal auch un-terkellerte Höfe; sehr selten ist man in der bequemen Lage, die Maschinenräume als besondere Gebäude im Hof errichten zu können. Auch das Dachgeschoß steht meistens zur Verfügung. Vollständige größere Anlagen kön-nen hier selbstverständlich nicht aufgestellt werden; in Ham-burg findet man kleinere Dampfanlagen aber öfter im Dach-geschoß untergebracht. Beispielsweise ist das in Fig. 1, 2 und 3 skizzierte Dampfkraftwerk eines Hamburger Kaffeespeichers, bestehend aus einer liegenden etwa 50 pferdigen Transmissionsdampfmaschine, einem stehenden Schnelläufer mit einer Dynamo für Beleuchtung, 2 Dampfauf-zügen und der dazu gehörigen Kesselanlage, aus Gründen der Feuersicherheit im 7 ten und 8 ten Stockwerk unterge-bracht, ohne daß sich beim Betrieb irgend welche Erschütte-rungen im Gebäude ergeben haben. Allerdings ist das Trep-penhaus, in dessen obersten Stockwerken die Kraftanlage untergebracht ist, besonders massiv gebaut. Der Kamin ist in einer Ecke des Treppenhauses hochgeführt.

Für eine größere Kolbenmaschinenanlage ist eine solche Aufstellung selbstverständlich ausgeschlossen; dagegen kön-nen technisch unbedenklich Gasgeneratoren oder Dampfkessel in das Dachgeschoß gesetzt werden, wie letzteres auch bei der ersten Wertheimschen Anlage von rd. 2400 PS in der Leipzi-ger Straße von mir mit bestem Erfolg ausgeführt worden ist.

Auch die Aufstellung von Dampfturbinen in oberen Stock-werken dürfte sich bei einiger Vorsicht ermöglichen lassen.

Häufiger trifft man, daß die Kellerräume für die Zwecke des Kraftwerkes ausgenutzt sind.

Kraftwerke für Kraft- und Lichtversorgung.

Die Anordnun-gen dieser Anla-gen und die von ihnen beanspruch-ten Räumlichkei-ten sollen durch einige Beispiele gekennzeichnet werden.

Das Linden-Blockwerk dient zur Versorgung

Fig. 1 bis 3.

Kraftwerk eines Hamburger Lagerhauses.

Schnitt durch den 8 ten Stock.

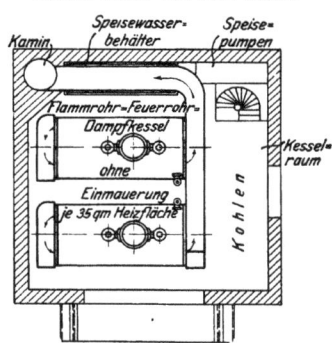

Schnitt durch den 7 ten Stock.

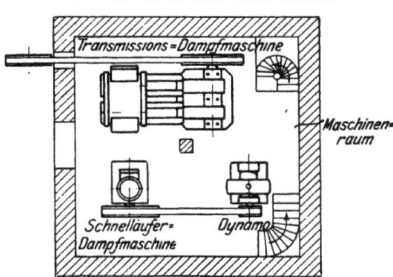

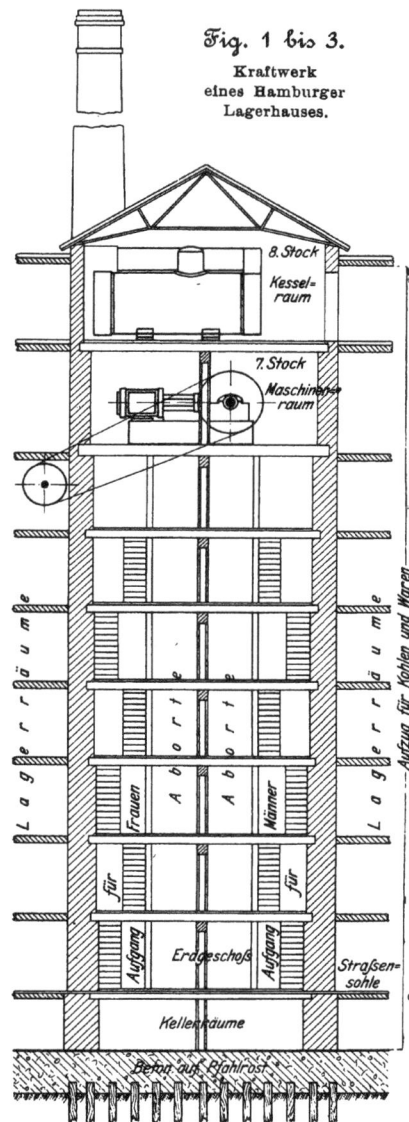

des von der Straße Unter den Linden, der Friedrichstraße, Rosmarinstraße und Charlottenstraße begrenzten Häuserblockes mit elektrischer Energie. Die Betriebskraft ist Sauggas, der Brennstoff Anthrazit. Die Anlage besteht aus 3 liegenden Deutzer Viertakt-Sauggasmotoren, 2 von je 80 PS und 1 von 50 PS, welche die Dynamomaschinen durch Riemen antreiben. Maschinen und Gasbereitungsanlage sind im Keller an der Straßenfront aufgestellt; indessen mußte vom Erdgeschoß des Gebäudes ein Teil zur Erhöhung der Räume mitbenutzt werden.

Aus Fig. 4 und 5 ist die Anordnung der Anlage ersicht-lich. Die beiden Gaserzeuger mit Verdampfern und Skrubbern sind, wie vorgeschrieben, von den Maschinen getrennt in einem Nebenraum in 2 Stockwerken aufgestellt. Zu diesem Zweck ist hier das ganze Erdgeschoß mit hinzugenommen. Die Einschütttrichter der unten stehenden Generatoren ragen in das obere Stockwerk, in dem die Skrubber stehen, hinein, so daß die Generatoren von hier aus aufgefüllt werden, Fig. 6. Generator- und Maschinenraum empfangen Licht und Luft von der Straße. Die kleinere Gasmaschine ist für schwache Belastung vorgesehen; sie kann außerdem an das städtische Leuchtgasnetz angeschlossen werden, falls Ausbesserungen an den Generatoren nötig werden.

In den danebenliegenden Kellerräumen ist eine größere Akkumulatorenbatterie aufgestellt, die von den Gasdynamos mittels Zusatzmaschine geladen wird.

Gerade bei Sauggasbetrieb erweist sich die gleichzeitige Verwendung einer Akkumulatorenbatterie und einer Zusatzmaschine als besonders wirtschaftlich, da die Gasdynamos bei schwacher Netzbelastung mittels der Zusatzmaschine gleichzeitig die Batterie laden und auf diese Weise voll belastet werden können, also unter den wirtschaftlichsten Verhältnissen arbeiten. Bekanntlich verbrauchen die Sauggasmaschinen bei geringer Last wesentlich mehr Brennstoff pro PS-st als bei Vollast. Auch bei Dieselmotoren und Dampfmaschinen hat sich die Verwendung einer Akkumulatorenbatterie stets als wirtschaftlich und zweckmäßig herausgestellt.

Die Fundamente der Gasmaschinen sind von den Gebäudefundamenten vollständig isoliert und zudem auf eine elastische Unterlage gesetzt, um Fernwirkungen auf das Gebäude, die bekanntlich bei Gasmaschinen besonders störend empfunden werden, nach Möglichkeit zu vermeiden.

Die Auspuffleitungen der Gasmaschinen und die Anblaseleitungen der Generatoren sind über Dach geführt.

Das Blockwerk am Weinbergsweg

Fig. 4 und 5. Linden-Blockwerk. Schnitt A-B.

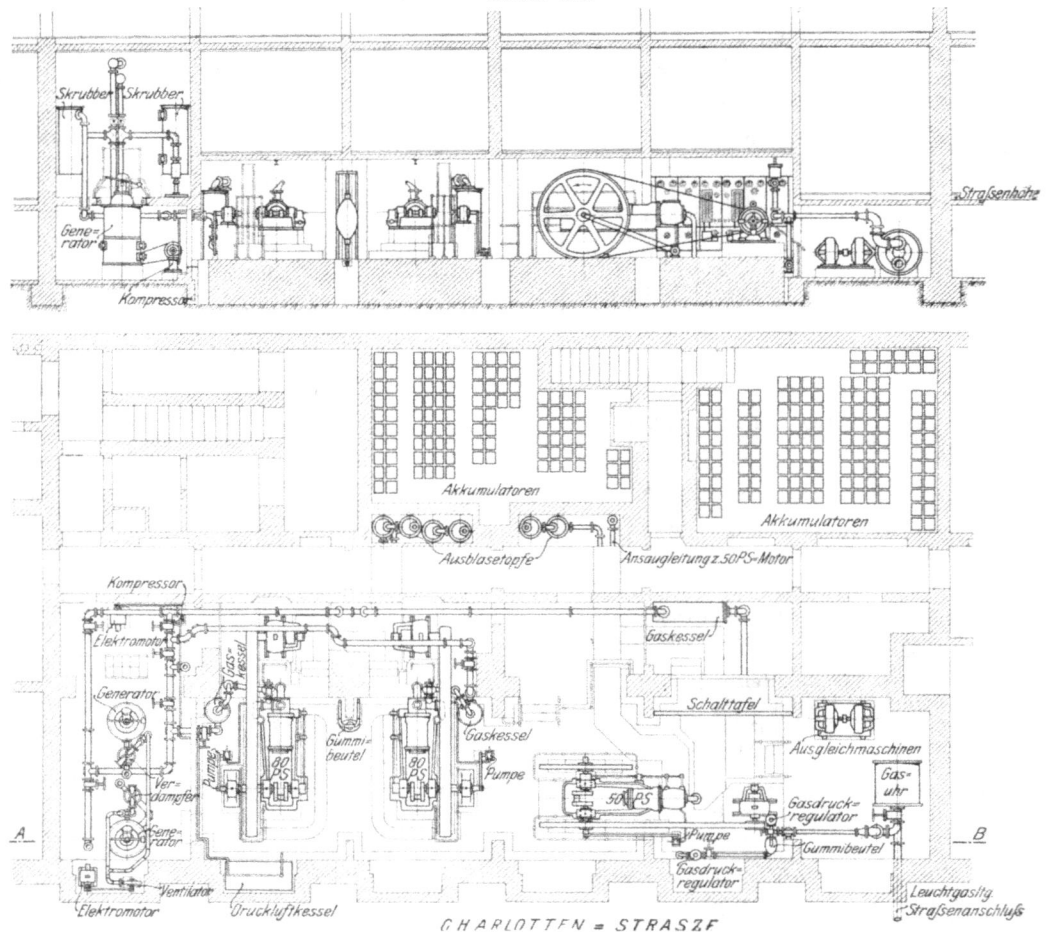

Fig. 6.
Skrubberraum des Linden-Blockwerkes mit den Einschütttrichtern der Generatoren.

dient zur Stromlieferung für das Walhalla-Theater und für den das Theater umgrenzenden Häuserblock. Hier sind im Gegensatz zu den meisten andern Privatwerken die örtlichen Verhältnisse ungewöhnlich günstig, weil für die Kraftanlage eine besonderes, genügend geräumiges Gebäude in Verbindung mit dem Theater errichtet werden konnte.

Im Maschinenraum befinden sich, geräumig aufgestellt, 2 Deutzer Viertaktgasmaschinen von je 125 PS mit ihren Dynamos, zwischen den Maschinen das Schaltbrett.

Die beiden Maschinen stehen auf einem gemeinschaft-

Fig. 7.

Blockwerk am Weinbergsweg.

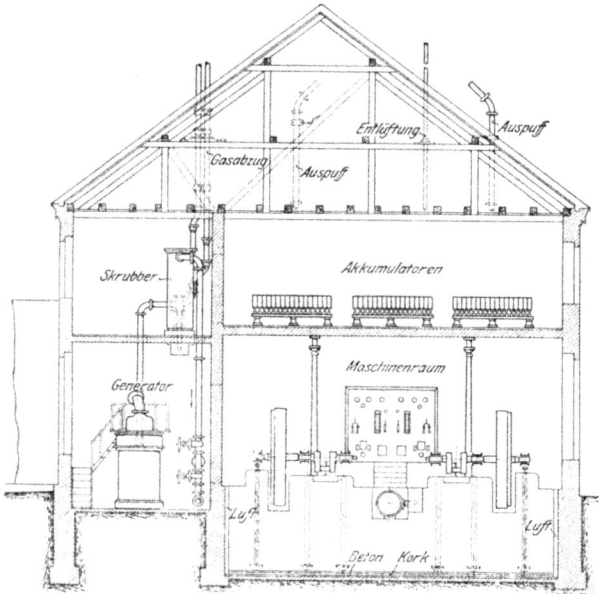

gebauten Sauggasmotor, der mittels Riemens die Transmission der Fabrik antreibt, aber wegen Platzmangels im Gebäude auf dem Hof in einem dicht neben dem Fabrikgebäude aufgestellten Wellblechhäuschen, Fig. 9, untergebracht werden mußte.

Nach den baupolizeilichen Vorschriften darf der Fußboden von Maschinenräumen, die nur Kraft, kein Licht für Fabrikbetriebe liefern, nicht tiefer als 1 m unter Hofsohle gelegt werden. Dabei muß um diese Räume ein durchgehender Licht- und Lüftgraben außen herumgeführt werden. Ein solcher Graben muß mindestens 1 m breit sein. Außerdem muß die mittlere lichte Höhe des Raumes mindestens 2,8 m betragen. Da das Maschinenhäuschen gerade unter einem Fenster des Hauptgebäudes liegt, so wäre bei Einhaltung dieser Vorschrift der untere Teil des Fensters in unerwünschter Weise verdeckt worden. Der Besitzer der Anlage hat sich nun in sehr geschickter Weise dadurch geholfen, daß er an beiden Seiten des Häuschens neben dem Fenster so hohe Aufbauten ausführen ließ, daß die erforderliche lichte Höhe des Raumes von 2,8 m im Mittel herausgerechnet werden konnte. Damit war der Vorschrift genügt. Die seitlichen Aufbauten sind noch zur Lagerung eines I-Trägers ausgenutzt, an dem eine Laufkatze für Arbeiten an der Maschine aufgehängt werden kann; zu diesem Zweck ist ein Teil des Daches aufklappbar, Fig. 9.

Auch die Aufstellung des Generators mit dem Verdampfer im Keller des Fabrikgebäudes zeigt, wie man diese Einrichtungen in den anspruchslosesten Räumen unterbringen kann, s. Fig. 10. Der Einschütttrichter des Generators ist durch die Decke in einen vom Hof aus zugänglichen Raum des Erdgeschosses durchgeführt, Fig. 11, der gerade so groß ist, daß man den Generator beschicken kann.

Während in Berlin eine ganze Reihe solcher kleineren und mittleren Sauggasanlagen im Betrieb ist, sind Sauggasmaschinen von größeren Leistungen nur vereinzelt vorhanden.

In dieser Hinsicht bemerkenswert ist die im Kraftwerk der Firma Th. Hildebrand & Sohn aufgestellte große Sauggasanlage. Ursprünglich nur mit Dampfbetrieb ausgerüstet, mußte das Kraftwerk vor einigen Jahren unter äußerst beschränkten örtlichen Verhältnissen bedeutend vergrößert werden. Obwohl eingehende Betriebserfahrungen mit größeren Sauggasmaschinen, und noch dazu im Fabrikbetriebe mit schwankender Belastung, damals noch nicht vorlagen, entschloß man sich zur Aufstellung einer Sauggasmaschine von 450 PSe, die als doppeltwirkende Viertaktmaschine von der Gasmotorenfabrik Deutz ausgeführt wurde.

Die Anlage hat anfangs zu Störungen Veranlassung gegeben, die zu verschiedenen Umbauten geführt

lichen von den Gebäudefundamenten isolierten Fundamentblock; s. Fig. 7. Die Generatoren und die Skrubber sind links neben dem Maschinenraum im Erdgeschoß und im ersten Geschoß untergebracht, das auch die Akkumulatorenbatterie aufnimmt. Fig. 8 läßt den für Privatwerke ungewöhnlich geräumigen Maschinenraum erkennen, gleichzeitig ein Beweis, daß die Grundstückpreise in Berlin N noch nicht so unerschwinglich sind wie in Berlin W.

Im Gegensatz zu dieser Anlage sind in den meisten Fällen die Räumlichkeiten der Privatkraftwerke in der Großstadt die denkbar ungünstigsten. Welch schwierige Verhältnisse manchmal noch durch die baupolizeilichen Vorschriften verursacht werden, läßt die Anlage von F. Butzke, Brandenburgstraße, erkennen, die zugleich ein interessantes Beispiel bietet, wie man diesen Vorschriften gerecht zu werden versteht.

Das Kraftwerk von F. Butzke enthält einen 80 pferdigen, von der Dresdener Gasmotorenfabrik vorm. Moritz Hille A.-G.

Fig. 8. Maschinenraum des Blockwerkes am Weinbergsweg.

Fig. 9.

Kraftwerk von F. Butzke; Gasmaschine für Fabrikbetrieb, auf dem Hof aufgestellt.

Fig. 11.

Kraftwerk von F. Butzke;
Einschüttraum für den Generator.

Fig. 10.

Kraftwerk von F. Butzke; Generator und Verdampfer, im Keller aufgestellt.

haben. Die Maschine ist daher vor der jetzt erfolgten Abnahme von mir im Auftrag der Besitzer äußerst scharfen Proben in bezug auf Anthrazitverbrauch, Ueberlastungsfähigkeit und Betriebsicherheit unterworfen worden, über die weiter unten kurz berichtet wird.

Die Maschine mußte, wie Fig. 12 und 13 erkennen lassen, neben einer alten Dampfmaschine in einem äußerst beschränkten Raum untergebracht werden, und ihre Baulänge war daher möglichst knapp zu halten; es wurde deshalb die verhältnismäßig hohe Umlaufzahl von 166 in der Minute zugelassen, entsprechend einer mittleren Kolbengeschwindigkeit von 4,3 m/sk. Der Zylinderdurchmesser der Maschine beträgt 700 mm, der Hub 780 mm.

Auch die sonstigen Arbeitsverhältnisse der Maschine sind ungewöhnlich und schwierig. Sie soll eine Nutzleistung von 420 bis 450 PS$_e$ hergeben und zeitweise auf 470 PS überlastet werden können. Die Kraft wird teils durch einen sehr kurzen Riemen auf eine Transmissionswelle, teils an eine Dynamo abgegeben.

Die Gaserzeugungsanlage ist in dem neben dem Maschinenraum befindlichen Kesselhaus untergebracht, und zwar stand

hier ebenfalls nur ein sehr knapper Raum, der ursprünglich für die Aufstellung eines dritten Kessels vorgesehen war, zur Verfügung.

Die Anordnung der Generatoranlage ist ebenfalls aus Fig. 12 und 13 ersichtlich und läßt erkennen, wie die Generatoren und Skrubber neben den Kesseln eben noch untergebracht werden konnten.

Ursprünglich war nur ein Generator zur Aufstellung gekommen; da sich jedoch bald herausstellte, daß sich der von der Fabrik verlangte 12stündige Dauer-

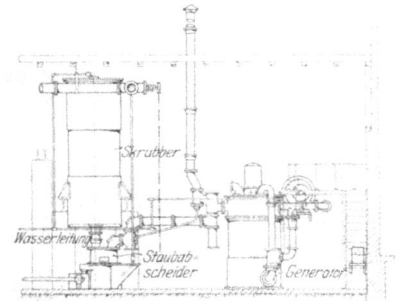

Fig. 12 und 13.

Kraftwerk von Th. Hildebrand & Sohn.

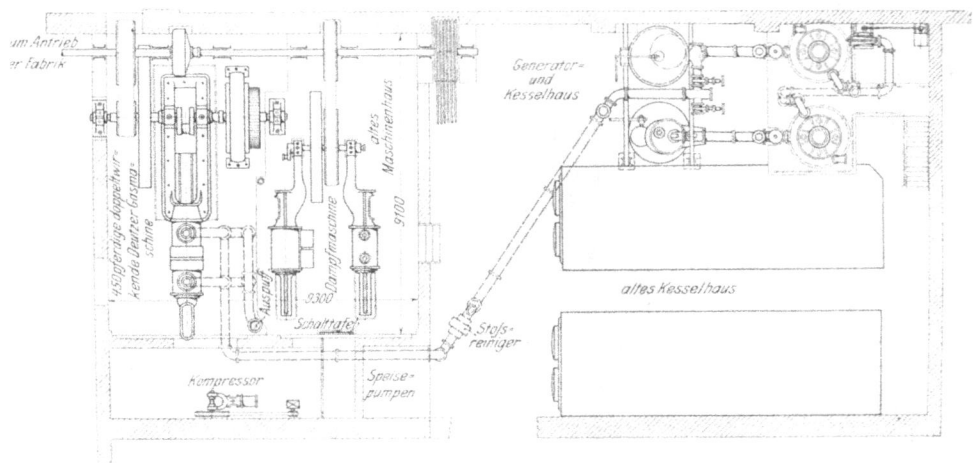

betrieb bei voller Leistung mit einem Generator wegen des Abschlackens nicht aufrecht erhalten ließ, wurden zwei kleinere Generatoren eingebaut. Beide Generatoren arbeiten einwandfrei nebeneinander, ohne sich gegenseitig zu beeinträchtigen. Um dies festzustellen, wurden die von jedem Generator gelieferten Gasmengen mittels Durchflußöffnungen gemessen, indem in die Gasleitungen hinter den Generatoren Drosselflansche von genau gleicher Beschaffenheit eingebaut wurden. Aus dem Druckunterschied vor und hinter dem Flansch, der Größe der Oeffnung und dem Durchflußkoeffizienten konnten die Gasmengen bestimmt werden. Es ergab sich aus den Messungen, daß eine gegenseitige Beeinträchtigung der Generatoren in ihrer Wirkung nicht stattfand, obwohl bald der eine, bald der andre bei der Gaserzeugung vorherrschte, je nach seinem Zustande.

Fig. 14 bis 17.
Generator der Anlage von Th. Hildebrand & Sohn.

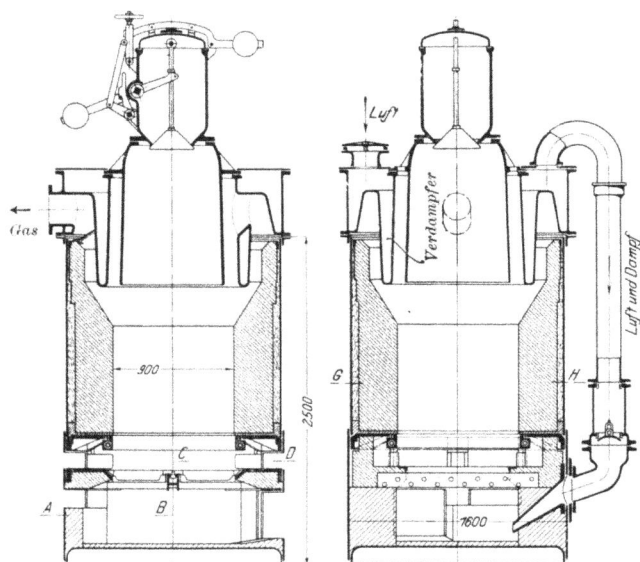

Schnitt A-B.   Schnitt C-D.   Schnitt G-H.

Fig. 14 bis 17 stellen Schnitte durch den Generator und den oben um ihn herum gelegten Verdampfer dar.

Der Brennstoff wird in der üblichen Weise durch eine Schleuse zugeführt. Unmittelbar über dem Rost befinden sich 4 Ausschlacköffnungen; die Schamottausmauerung ruht daher auf einem gußeisernen über den Ausschlacköffnungen angebrachten Ring; dieser ist an den der Hitze des Generators am meisten ausgesetzten Innenflächen mit Wasserkühlung versehen. Die wirksame Rostfläche beträgt 0,55 qm, die Verdampferheizfläche 7,5 qm für jeden Generator.

Staubabscheider und Skrubber sind mit Rücksicht auf den knappen Raum übereinander aufgebaut, s. Fig. 12.

Da die Anlage zeitweise bis an die Grenze der Leistungsfähigkeit beansprucht wird, kam das Gas zunächst nicht genügend gereinigt zur Maschine, so daß sich Störungen ergaben.

Die Gasmotorenfabrik Deutz baute deshalb in die Gasleitung auf halbem Wege zwischen Generatoren und Maschine sogenannte Stoßreiniger (Schlußreiniger) ein. Sie bestehen aus Zinkblecheinsätzen und scheiden die teerigen Bestandteile durch häufigen Richtungswechsel aus der langsam durchstreichenden Gasmenge aus. Ihr Einbau hat sich in der Folge als zweckmäßig erwiesen. Nach etwa zwei bis dreitägigem Betriebe werden die Reinigungsbleche ausgewechselt und durch neue ersetzt.

Die größte Arbeit von 470 PS$_e$, für die ein verhältnismäßig hoher mittlerer Druck von 5,2 kg/qcm notwendig ist, konnte die Maschine nur leisten, wenn ihr sehr wasserstoffreiches, also hochwertiges Gas zugeführt wurde; deshalb, und um auch möglichst bald nach Ingangsetzung der Maschine die volle Leistung zur Verfügung zu haben, mußte man Zusatzdampf aus einem der Betriebs-Dampfkessel in die Verdampfer leiten.

Da sich die Maschine bei diesem Betrieb in bezug auf Vorzündungen nahe an der Grenze befand, so hat die Gasmotorenfabrik Deutz eine Einrichtung getroffen, die das Mischungsverhältnis zwischen der in die Generatoren gesaugten Luftmenge und der Dampfmenge zu regeln gestattet. Die Einrichtung ist in Fig. 18 dargestellt und wohl ohne weiteres verständlich; durch Drehen des Zeigers wird der dem Dampf zur Verfügung stehende Querschnitt verändert.

Wesentlich einfacher im Aufbau als die Sauggaskraftanlagen gestalten sich die Kraftwerke mit Dieselmotoren,

Fig. 18. Regelvorrichtung der Gasmotorenfabrik Deutz.

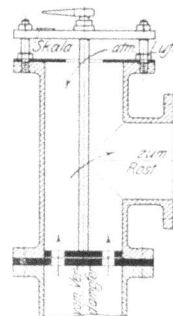

deren Verwendung für diesen Zweck in letzter Zeit einen großen Aufschwung erfahren hat. Die stets stehend gebauten Oelmaschinen nehmen an sich und infolge des Fortfalles der Gasbereitungsanlage nur wenig Raum in Anspruch, sind stets betriebsbereit, und ihre Aufstellung begegnet gar keinen Schwierigkeiten seitens der Aufsichtsbehörden. Außerdem arbeiten sie bei den gegenwärtigen Brennstoffpreisen etwas billiger als Sauggasanlagen mit Anthrazitfeuerung.

So erhielt unter anderm das Kraftwerk des neuen Restaurants Rheingold in der Bellevuestraße eine 900 pferdige Dieselmotorenanlage mit 2 Maschineneinheiten; ferner sind für die Warenhäuser von Tietz (Alexanderplatz) und von Herzog je 600 PS in der Ausführung begriffen.

Alle diese Anlagen werden auf den Betrieb mit Paraffinöl, bezogen in Eisenbahn-Tankwagen, eingerichtet und müssen daher mit einem genügend großen Behälter zur Lagerung des Oeles ausgestattet werden. Die Zufuhr des Oeles von der Bahn erfolgt in einem leihweise zur Verfügung stehenden Straßen-Zisternenwagen von 4000 ltr Inhalt.

Als Beispiel eines Kraftwerkes mit Dieselmotoren führe ich die neue Anlage des Kriminalgerichtes zu Berlin an, die, wie Fig. 19 zeigt, 2 Zwillings-Dieselmotoren von je 140 PS enthält.

Betriebserfahrungen mit Sauggas- und Dieselmotoren.

Der Vorzug, der in neuerer Zeit dem Dieselmotor vor dem Anthrazit-Sauggasmotor eingeräumt wird, ist nicht unberechtigt.

Abgesehen von den geringeren Betriebskosten für die PS-Stunde (s. oben) beim Dieselmotor gegenüber Anthrazitbetrieb hat der erstere zunächst den Vorteil, daß die Gasbereitungsanlage fortfällt. Die Aufstellung des Dieselmotors erfordert daher wesentlich weniger Raum, und auch sein Betrieb gestaltet sich einfacher. Bezeichnend dafür ist der Umstand, daß ich bei Dieselmotoren durchgängig etwa nur den achten bis zehnten Teil des Verbrauchs an Putzmaterial gegenüber gleich großen Sauggasanlagen gefunden habe.

Es kommt hinzu, daß der Aufstellung von Dieselmotoren von den Aufsichtsbehörden gar keine Schwierigkeiten in den Weg gelegt werden. Wenn auch die Sauggasanlagen nicht genehmigungspflichtig sind, so stellen doch gegenwärtig die Aufsichtsbehörden in bezug auf die Räume, in denen die Generatoren untergebracht werden sollen, solche Anforderungen, daß der Hauptvorteil der eigenen Kraftanlagen, nämlich die Unterbringung in minderwertigen Räumen, verloren geht. So wird z. B. verlangt, daß diese Räume mit hohen, unmittelbar an der Straße oder an einem Hof gelegenen Fenstern versehen sind, um eine ausreichende Lüftung sicher zu stellen. Wie ich später an ausgeführten Anlagen zeigen werde, läßt

Generator bekanntlich als Füllofen arbeitet, also Brennstoff verbraucht, dessen Menge von der Einstellung der Luftzuführung zum Generator abhängig ist. Bei ungenügender Sorgsamkeit können recht erhebliche Mengen an Brennstoff während des Stillstandes verzehrt werden.

Bei einem 150 pferdigen Sauggasmotor des Maschinenlaboratoriums der Technischen Hochschule Berlin habe ich während einiger Wochen den Brennstoffverbrauch beim Anblasen und beim Stillstand ermittelt; dabei war die Luftzuführklappe des Generators stets mit der größten Sorgfalt soweit geschlossen, daß nur gerade der Generator in Gang gehalten wurde. Es ergab sich, daß der Verlust durch viermaliges Anblasen und Abbrand im Stillstand 10,5 vH des Gesamtverbrauchs bei täglich 9½ stündigem Betrieb betrug; die Ruhezeit während der Versuchsperiode von 4 Tagen umumfaßte 4 Nächte und 1 Sonntag.

Dieser Verbrauch fällt beim Dieselmotor vollständig fort.

Während der Dieselmotor ohne weiteres einen ununterbrochenen Betrieb durchhält, muß der Generator des Saug-

Fig. 19.

Kraftwerk mit zwei 140 pferdigen Zwillings-Dieselmotoren im Kriminalgerichtsgebäude zu Berlin.

sich durch mechanische Mittel eine mehr als ausreichende Lüftung selbst für die ungünstigsten Räume erzielen, so daß diese Forderung als eine technisch nicht berechtigte Erschwerung angesehen werden muß.

Eine weitere Schwierigkeit bei Sauggasanlagen besteht in der Fortschaffung des durch Geruch und durch seine chemischen Wirkungen lästigen Skrubberwassers. Die Städte machen stets Schwierigkeiten, es in ihre Kanalisation aufzunehmen; teilweise lehnen sie die Aufnahme rundweg ab. Dieser Uebelstand wird bei den neuerdings mit Recht bevorzugten Braunkohlengeneratoren allerdings weniger fühlbar sein, da hier das Skrubberwasser zu keinen Bedenken Veranlassung gibt. Der Betrieb mit Braunkohlen hat ferner die Vorteile, daß der Verdampfer ganz in Fortfall kommt, da die Braunkohle an sich genügend Wasser enthält, und daß sich Schlacken überhaupt nicht bilden; der Betrieb des Generators gestaltet sich im großen und ganzen einfacher, obwohl er infolge des bituminösen Brennstoffes mit 2 Brennzonen durchgeführt werden muß.

Während der Dieselmotor sofort betriebsbereit ist und angelassen werden kann, muß der Generator des Sauggasmotors erst angeblasen werden, so daß bis zur Inbetriebsetzung der Maschine 15 bis 25 min verstreichen. In der Ruhe verbraucht der Dieselmotor keinen Brennstoff, während der

gasmotors von Zeit zu Zeit abgeschlackt werden. Beim Abschlacken fällt stets eine gewisse Menge halbvergasten Anthrazits mit heraus, der zwar wieder aufgegeben werden kann, aber aus den Schlacken ausgesucht werden muß, was zum mindesten lästig ist.

Außerdem liegt die Möglichkeit vor, daß während des Ausschlackens im Betrieb die Leistung der Maschine abfällt.

Recht interessant sind in dieser Beziehung die von mir an der erwähnten großen Sauggasmaschine von Th. Hildebrand & Sohn durchgeführten umfangreichen Versuche, bei denen mich mein Assistent, Hr. Dipl.-Ing. Hildebrand, in dankenswerter Weise unterstützt hat.

Die Maschine wurde häufigen Leistungsprüfungen unterzogen und dabei die in Fig. 20 dargestellte Wirkungsgradkurve gewonnen, die mitgeteilt wird, weil die Frage des mechanischen Wirkungsgrades der Gasmaschinen noch wenig geklärt ist. Die Maschine war bei diesen Versuchen nur durch die Dynamo belastet; der erzeugte Strom wurde in besonders hierfür aufgestellten Wasserwiderständen vernichtet. Die zur Indizierung verwendeten Federn wurden wiederholt geprüft, auch Volt- und Amperemesser geeicht. Der Wirkungsgrad der Dynamo wurde einer von Elektrikern nachgeprüften Kurve entnommen. Die Belastung der Maschine wurde in 7 verschiedenen Abstufungen gesteigert; zwischen jeder neuen Belastungseinstellung lag ein Zeitraum von 20 min. Es haben sich dabei die in Fig. 20 mit 1 bezeichneten Wirkungsgrade und Reibungsarbeiten ergeben. Später wurde auch während mehrstündiger Dauerversuche indiziert und dabeifür einen Teil der Belastungen die Kurven 2 mit den etwas höheren Wirkungsgraden bis zu 88 vH gewonnen. Dies erklärt sich daraus, daß während des Dauerbetriebes der Beharrungszustand der Maschine besser war als bei den ersten Versuchen bei steigender Leistung. Dementsprechend sind die

begonnen, nachdem beide in ausgiebigster Weise ausgeschlackt worden waren; 8 Uhr 20 Min. wurde die Maschine in Betrieb gesetzt und 8 Uhr 27 Min. belastet. Bereits 8 Uhr 37 Min. konnte die normale Leistung von 450 PS₍ₑ₎ abgegeben werden. Während des 12 stündigen Betriebes wurde die Belastung ohne vorhergehende Benachrichtigung der Bedienungsmannschaft sechsmal auf die größte gesteigert und bis zu 30 min darauf erhalten. Die Maschine ist dieser Forderung nachgekommen, abgesehen von der Zeit des ersten

Fig. 20

Mechanischer Wirkungsgrad und Reibungsarbeit der 450 pferdigen Sauggasmaschine von Th. Hildebrand & Sohn.

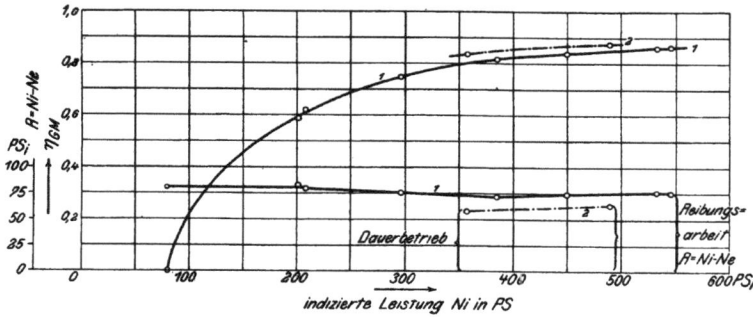

Reibungsarbeiten bei den Dauerversuchen etwas geringer, wie die Darstellung in Fig. 20 gleichfalls erkennen läßt.

Bei den am 9. und 10. Februar 1906 mit rd. 430 bezw. 300 PS₍ₑ₎ durchgeführten Leistungsversuchen zum Nachweis des Anthrazitverbrauches wurde die Leistung der Maschine durch Wasserwiderstände auf genau gleicher Höhe gehalten.

In der graphischen Darstellung Fig. 21 sind für den einen Versuch, der eine mittlere Leistung von 431,2 PS₍ₑ₎ und einen Anthrazitverbrauch für 1 PS₍ₑ₎-st von 0,376 kg (umgerech-

Abschlackens, das nach $3^1/_2$ st um die Mittagzeit vorgenommen werden mußte. Es hat sich dabei ergeben, daß die Art des Abschlackens bei der stark beanspruchten Anlage auf die Leistungsfähigkeit, wie vorauszusehen, von großem Einfluß ist. Die Generatoren wurden bis dahin derart abgeschlackt, daß hintereinander die Aschenklappen erst des einen und nach kurzer Pause von 15 min des andern Generators durchgestoßen und gereinigt wurden. Es wurde dabei vorausgesetzt, daß während des Abschlackens des einen

Fig. 21.

Anthrazitmessung vom 9. Februar 1906. Mittelleistung der Gasmaschine 431,2 PS₍ₑ₎.

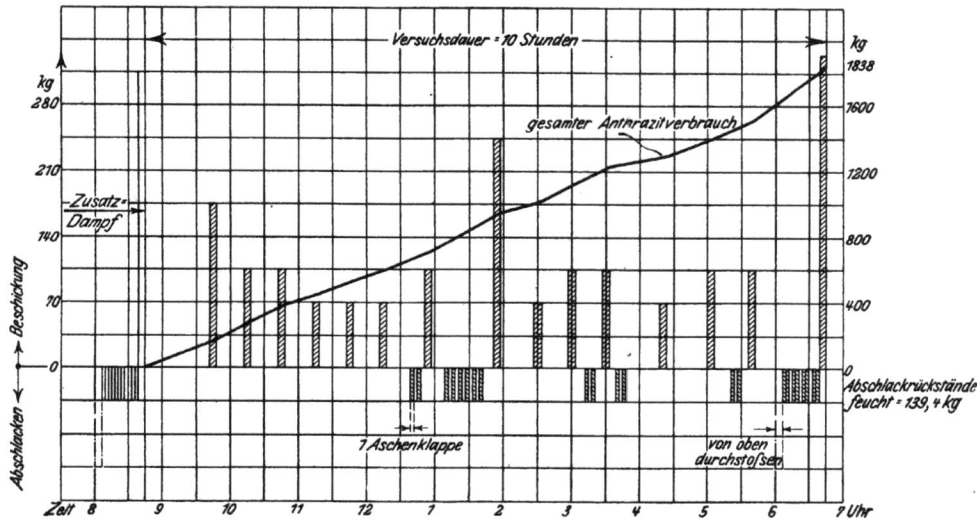

net auf 8000 WE) aufwies, die Beschickungen der Generatoren ihrer Größe und der Zeit nach aufgetragen; auch über die sonstigen Vorgänge beim Abschlacken gibt die Darstellung Aufschlüsse.

Der am 12. Februar durchgeführte Leistungsversuch sollte nachweisen, ob die Maschine dauernd 450 PS₍ₑ₎ leistet und zeitweise anstandslos auf 470 PS₍ₑ₎ überlastet werden kann, und in welcher Zeit nach dem Anblasen die volle Leistungsfähigkeit erreicht wird.

Mit dem Anblasen der Generatoren wurde 8 Uhr 8 Min.

Generators im wesentlichen der andere den Betrieb durchhalten sollte. Wenn auch dabei durch die Abschlacköffnungen stets ein kräftiger Wasserstrahl in den Generator gespritzt wurde, teils um die Glut abzuschwächen, teils um eine vermehrte Dampfbildung zur Erhöhung des Wasserstoffgehaltes zu bewirken, so konnte doch nicht verhindert werden, daß währenddessen die Leistung etwas unter die normale herunterging (12 Uhr 30 Min. bis 2 Uhr 30 Min., Fig. 22).

Die Generatoren hätten wesentlich größer ausgeführt werden müssen, wenn diese Art des Abschlackens durchge-

3

führt werden sollte. Mit Rücksicht auf die Brennstoffgarantien bei geringeren Leistungen der Maschine hat man sie aber absichtlich knapp bemessen.

Es wurden daher später die einzelnen Aschenklappen immer in gewissen Zwischenräumen gereinigt, so daß der Generator Zeit hatte, immer wieder in den Beharrungszustand zu kommen. Bei diesem Verfahren, das von 4 Uhr 30 Min. an angewendet wurde, konnte die Maschine nicht nur die normale Leistung halten, sondern auch die Ueberlastungsproben mit Erfolg bestehen.

In die Auftragung Fig. 22 sind auch die Ergebnisse der gleichzeitig vorgenommenen Kraftgasanalysen und die daraus

Bei reichlich bemessenen Generatoren ist die Gefahr des Abfallens der Maschine während des Ausschlackens geringer, aber der Verbrauch an Brennstoff besonders bei geringerer Belastung größer.

Mit Rücksicht auf die bei dieser Maschine aufgetretenen anfänglichen Anstände wurde ihre endgültige Uebernahme von einem scharfen Nachweise der Betriebsicherheit abhängig gemacht. Zu diesem Zweck mußte die Maschine während 25 Tagen je 12 Stunden die normale Leistung ohne jede Betriebstörung durchziehen. Nur zum etwaigen Auswechseln eines Zündflansches war ein Stillstand von höchstens 10 Minuten pro Tag zugestanden. Die Maschine hat diese er-

Fig. 22.

Leistungs- und Ueberlastungsversuche sowie annähernde Anthrazitverbrauchsmessungen an einer 450 pferdigen Sauggasmaschine.

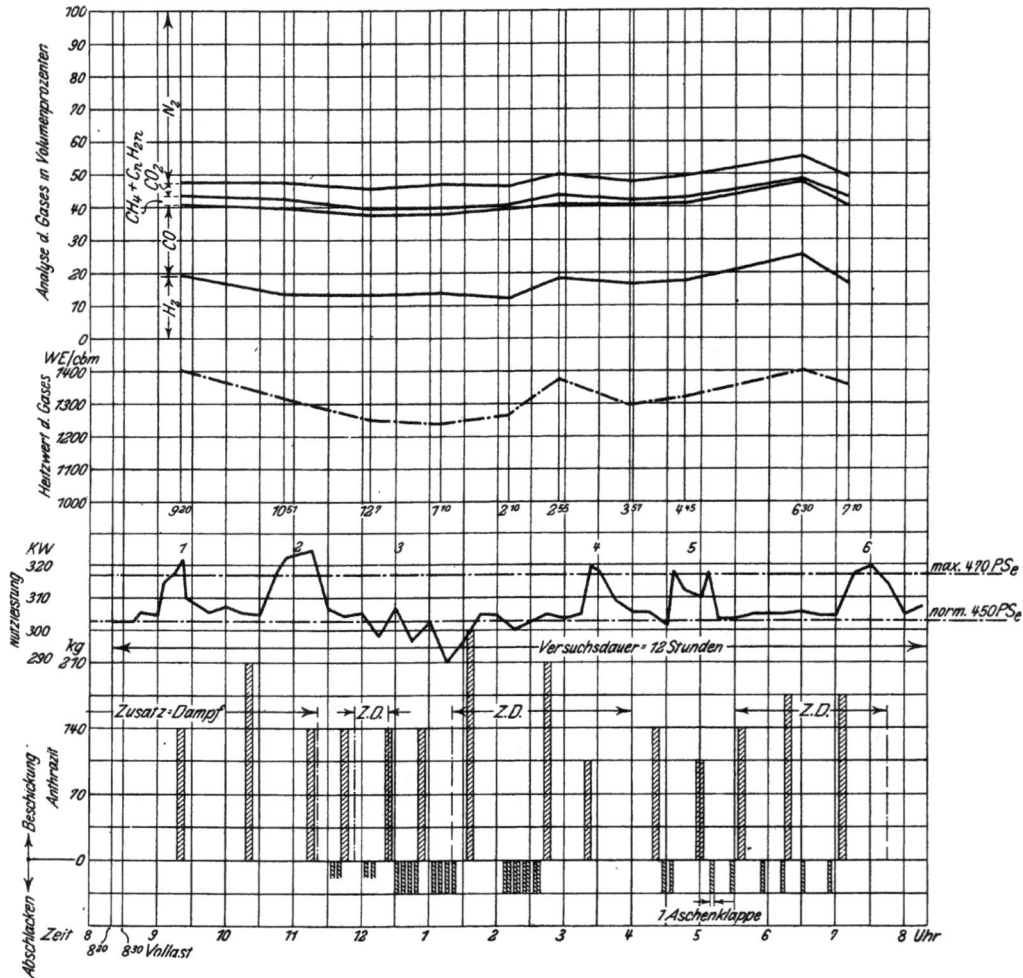

hervorgehenden Heizwerte eingetragen. Infolge des periodischen Zusatzes von Dampf während der starken Beanspruchung der Maschine aus einem der Kessel lieferten die Generatoren während dieser Zeit ungemein hochwertiges Gas von im Mittel 1314 WE, das die Maschine ohne Störungen verarbeitete. Der Wasserstoffgehalt des Gases zeigte starke Schwankungen, je nachdem Kesseldampf zugesetzt wurde oder nicht.

Die Versuche haben erwiesen, daß es möglich ist, bei Generatorgasmaschinen bis zu einem gewissen Grad eine Ueberlastung durchzuführen, namentlich wenn dem Generator etwas Dampf aus einem Kessel zugesetzt werden kann, und die Maschinen mit hochwertigem Gas einwandfrei zu betreiben. Selbstverständlich muß der Zeitpunkt der Zündung in diesem Fall sorgfältig nachgeregelt werden.

schwerten Proben gut bestanden.

Wenn es auch gelungen ist, diese große Anthrazit-Sauggasmaschine den schwierigen Anforderungen des Fabrikbetriebes anzupassen, so würde doch eine Braunkohlen-Sauggasmaschine und ganz besonders eine Dieselmotoranlage diesen Anforderungen in einfacherer Weise für Anlage und Betrieb nachgekommen sein.

Kraftwerke
für Kraft-, Licht- und Heizversorgung.

Bei größeren Anlagen erscheint es, wie oben bereits ausgeführt, wirtschaftlich günstig, auch die Heizung der Gebäude vom Kraftwerk aus zu besorgen und letzteres von vornherein planmäßig in dieser Richtung zu entwerfen.

Nach diesem Gesichtspunkt sind nach meinen Entwürfen und unter meiner Leitung die Kraftwerke sämtlicher Wertheimscher Warenhäuser — in der Oranienstraße, der Rosenthaler Straße und der Leipziger/Voßstraße — in den letzten Jahren erbaut worden; aus den oben ausgeführten Gründen wird hier überall für die Heizung im wesentlichen Auspuffdampf von Dampfmaschinen benutzt und nur in seltenen Fällen frischer Kesseldampf dazu herangezogen.

Diese Kraftwerke sollten die gesamte Energieversorgung der Geschäftshäuser übernehmen, also Licht, Kraft, Wärme und Kälte liefern.

Die in erster Linie bei den Entwürfen maßgebende Forderung bestand darin, die Werke nur in solchen Räumen der zu versorgenden Gebäudekomplexe unterzubringen, welche für den Geschäftsbetrieb unbrauchbar oder minderwertig waren; trotzdem aber war der Raumbedarf an sich auf das äußerste zu beschränken.

Das Kraftwerk des Wertheimschen Geschäftshauses in der Oranienstraße hat kleineren Umfang; ich bespreche daher zunächst das ähnlich gebaute, aber größere Kraftwerk des Geschäftshauses in der Rosenthaler Straße.

Vereinigtes Dampf-Sauggas-Kraftwerk des Warenhauses A. Wertheim, Rosenthaler Straße.

Der ausschließliche Betrieb mit Dampfmaschinen, deren Auspuffdampf zeitweise zur Heizung dient, erfordert die Aufstellung einer Kondensation, um auch zu Zeiten, wo Heizdampf nicht verlangt wird, so wirtschaftlich wie möglich arbeiten zu können.

Für eine reine Dampfanlage mit Kondensationsbetrieb würde man in erster Linie daran gedacht haben, bei der mäßigen Gesamtleistung von zusammen etwa 1000 PS_e die sehr wirtschaftlichen Verbund-Heißdampflokomobilen zu verwenden. In den zur Verfügung stehenden Räumen — Kellerräumen des Geschäftshauses, unterkellerten Höfen — waren diese aber nicht aufstellbar.

Leider konnte auch das Kühlwasser der Kondensatoren von dem Grundstück Rosenthaler Straße ohne erhebliche Kosten (besondere kostspielige Abflußleitung) nicht abgeführt werden. Man hätte daher, da eine Rückkühlanlage aus andern Gründen vermieden werden sollte, auf den

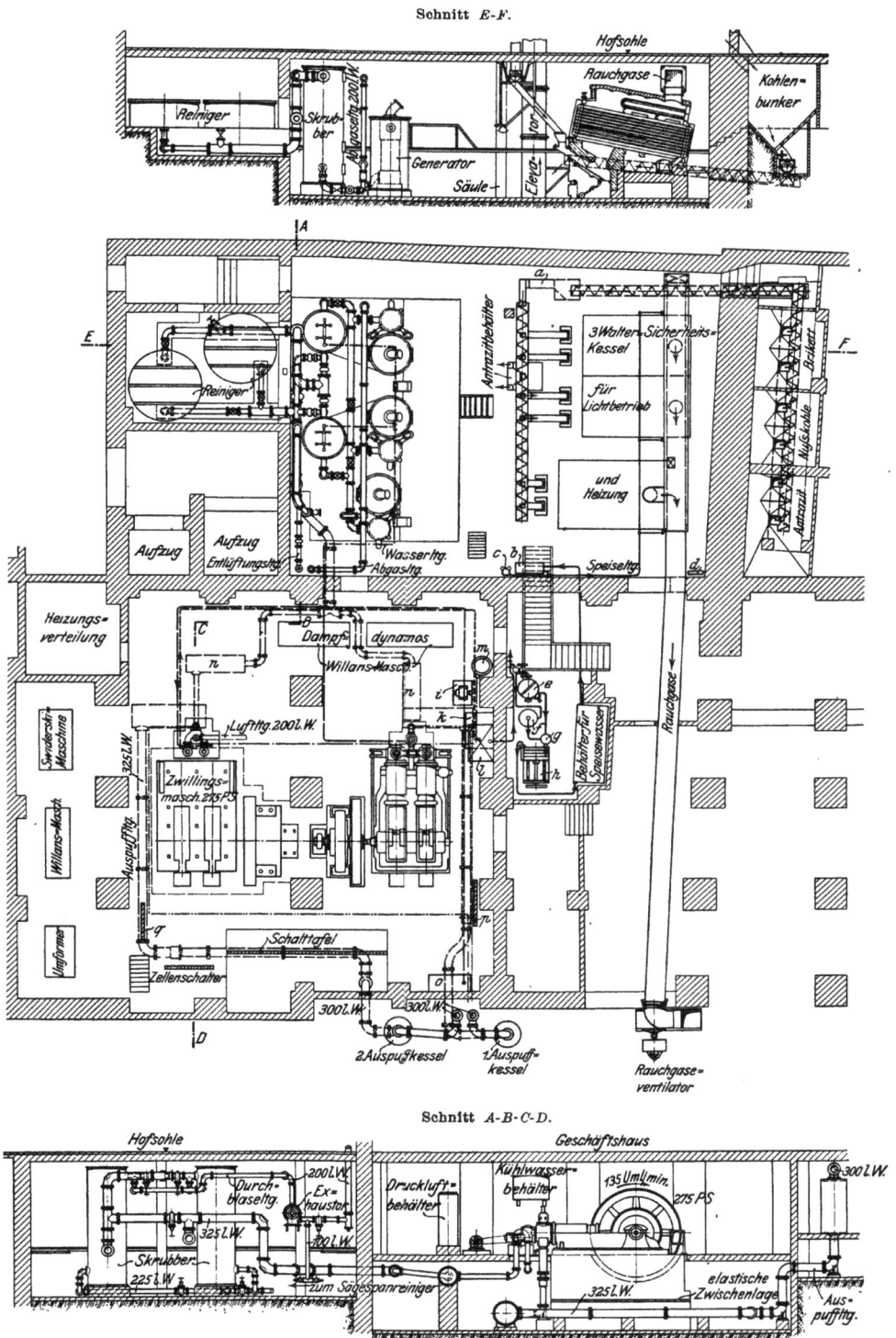

Fig. 23 bis 25. Dampf-Sauggas-Kraftwerk Wertheim, Rosenthaler Straße.

Schnitt E-F.

Schnitt A-B-C-D.

——— Kühlwasserzuflußleitung	e Rührbottichpumpe	für	m Druckluftkessel zum Anlassen der Gasmotoren
- - - - Kühlwasserabflußleitung	f Vorwärmer	die Speise-	n Gasansaugkessel
——— Druckleitung	g Füllvorrichtung	wasser-	o Kühlwasser-Kreiselpumpe
——— Entlüftleitung	h Filterpresse	reinigung	p Schaltbrett für den Erweiterungsbau
a Elevator für Kohle und Asche	i Motor zum Antrieb des Kompressors		q Schaltbrett f. Swiderski-(Lentz-)Maschine und Umformer
b selbsttätige Speisepumpe	k Rapid-Kompressor		
c Injektor	l Behälter für abfließendes Kühlwasser		
d Anlasser für den Rauchgasventilator			

Kondensationsbetrieb zu Zeiten, wo keine Heizung, notwendig war, verzichten müssen.

In Anbetracht dieser Verhältnisse hat man sich daher zu einer vereinigten Dampf-Sauggasanlage entschlossen, indem man Dampfauspuffbetrieb in solchem Umfang ausführte, daß genügend Auspuffdampf für die Heizung zur Verfügung stand. Der Mehrbedarf an Kraft im Winter und der Bedarf im Sommer sollte durch Sauggasmotoren gedeckt werden.

Außer dem wirtschaftlichen Vorteil, der in der Verwendung des Auspuffdampfes für die Heizung liegt, hat die Dampfkraft aber noch den besonders im Warenhausbetrieb sehr schätzbaren Vorzug der leichten Ueberlastbarkeit. Man konnte daher von vornherein den Umfang der Maschinenanlage knapper bemessen, als es mit Rücksicht auf den vorübergehend auftretenden besonders hohen Bedarf (Illumination) bei Sauggas allein möglich gewesen wäre.

Die Gas- und Dampfmaschinen sind im Kellergeschoß des Geschäftshauses, die Dampfkessel und die Gasbereitungsanlage zusammen in einem durch Unterkellerung eines Hofes gewonnenen Raum aufgestellt. Die durch letztere Anordnung in Anspruch genommene Grundfläche wird im Sinne der Baupolizeiordnung als nicht bebaut angesehen, und eine 0,8 m überschreitende, beliebig tiefe Unterkellerung ist zulässig, weil die Anlage für Beleuchtungs- und Heizzwecke des eigenen Geschäftshauses dient; für Kraftzwecke wäre sie ausgeschlossen.

Die Anordnung der Maschinen- und Kesselanlage geht aus Fig. 23 bis 25 hervor; aus Fig. 23 ist die außerordentlich gedrängte Aufstellung der Dampf- und Gaserzeugungsanlage in dem zweigeschossig unterkellerten Hofe zu ersehen.

Da der Hof von Menschen begangen wird, mußten die Dampfkessel als Sicherheits-Röhrenkessel ausgeführt werden, deren Aufstellung unter bewohnten Räumen gesetzlich zulässig ist. Es sind 3 mit Schrägrosten versehene Sicherheits-Röhrenkessel von je 118 qm Heizfläche und 12 at Betriebsdruck von Walther & Co. in Dellbrück bei Köln eingebaut.

Seitdem diese Sicherheits-Röhrenkessel mit Ueberhitzern versehen werden, kann man sie trotz des Fehlens der Oberkessel unbedenklich für Maschinenbetrieb verwenden, da durch den Einbau der Ueberhitzer die Gefahr, nassen Dampf oder gar Wasser in die Maschinen zu bekommen, ausgeschlossen erscheint, namentlich wenn noch, wie hier geschehen, ein gemeinschaftlicher Dampfsammler hinter den Kesseln angebracht ist.

Der Dampf wird in den Kesseln, deren jeder 21 qm Ueberhitzerfläche besitzt, um rd. 130° überhitzt.

Zur Beschränkung der an sich schon bedeutenden Ausschachttiefe des unterirdischen Kesselraumes wurde ein Fuchskanal unter den Kesseln nicht ausgeführt, sondern die Rauchgase wurden durch einen quer über den Kesseln liegenden schmiedeeisernen Rauchkanal abgesogen, und zwar auf mechanischem Wege durch einen elektrisch betriebenen Sirokko-Saugzugventilator. Der mechanische Zug ist ausgeführt worden, weil er jederzeit eine leichte Ueberanstrengung der Kesselanlage ermöglicht, und weil ein Blechrohr von verhältnismäßig geringem Querschnitt genügt, um die Rauchgase über Dach zu führen; außerdem würde ein besonderer Raum auf dem Grundstück für die Gründung und Hochführung eines gemauerten Schornsteines erspart. Die immerhin beträchtliche Höhe des in der Giebelwand des Gebäudes aufsteigenden Blechschornsteines ergibt dabei genügend natürlichen Zug und reicht selbst für schwachen Betrieb mit 2 Kesseln noch aus.

Der Sirokko-Saugzugventilator ist etwa 35 m vom Kesselraum entfernt beim Uebergang des Rauchkanales von der Wagerechten in die Senkrechte aufgestellt (Fig. 25). Der regelbare Anlaßwiderstand des Antriebmotors steht dagegen den Heizern bei den Kesseln zur Hand, so daß die Zugstärke in bequemster Weise beeinflußt werden kann.

Zur Verminderung der Wärmeausstrahlung des über den Kesseln liegenden eisernen Rauchkanales, die in dem oben durch Gewölbe geschlossenen unterkellerten Raum besonders

lästig zu werden versprach, ist das Blechrohr mit einer zweiten Blechhülle, Fig. 26, umgeben; durch den entstandenen Ringraum wird ein Teil der Verbrennungsluft angesaugt, die dem Kesselrost durch senkrechte Blechrohre und im Kesselmauerwerk ausgesparte Kanäle zugeführt wird. Hierdurch wird erreicht, daß einerseits die Luft unmittelbar unter der Decke des Kesselraumes abgesaugt, anderseits das Rauchrohr gekühlt und die Verbrennungsluft vorgewärmt wird.

Die Gasgeneratoren mit den Verdampfern sind gegenüber den Kesseln aufgestellt dahinter die beiden Skrubber, und in einem weniger tief unterkellerten Nebenraum die Sägemehlreiniger.

Obwohl nur 2 Gasdynamos von Gebr. Körting aufgestellt sind, für die je ein Generator genügt, ist ein dritter Generator aus Gründen der Betriebsicherheit vorgesehen, um Reparaturen, wie beispielsweise die Erneuerung des Schamottmauerwerkes usw., ohne Betriebsunterbrechung ausführen zu können. Außerdem befinden sich im Generatorenraum die Kesselspeisepumpen, die in Rotguß hergestellte Kapselpumpe

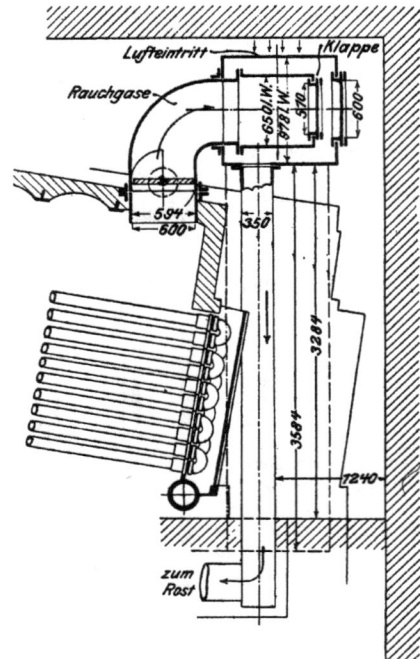

Fig. 26.

Anwärmvorrichtung für die Verbrennungsluft.

zum Heben des Skrubberwassers in die Kanalisation und der Ventilator zum Anblasen der Generatoren, die alle elektrisch betrieben werden.

Fig. 27 zeigt die Generatoren mit Verdampfer, den Skrubber und den Anblasventilator. Man sieht, wie außerordentlich gedrängt diese Teile im Kellerraum aufgestellt werden mußten.

In die Kessel und zu den Generatoren wird der Brennstoff auf mechanischem Wege befördert, die Asche und Schlacke ebenso entfernt. Zu diesem Zweck sind an der hinter den Kesseln aufstrebenden starken Giebelwand 3 Bunker errichtet, s. Fig. 23 und 24, die von dem darüber liegenden Hofraum beschüttet werden können. In Fig. 28 und 29 ist die Fördervorrichtung dargestellt. Durch eine unter den Bunkern liegende Schnecke mit Aufgabevorrichtung und eine zweite rechtwinklig dazu liegende Schnecke wird der Brennstoff dem vor den Kesseln, Fig. 23 und 28, stehenden Aufzug zugeführt, durch den er gehoben und in eine längs der Kesselfront liegende Verteilschnecke geworfen wird; von hier gelangt er durch geneigte Fallrohre auf die Schrägroste. Unter den Kesseln wird oberschlesische Steinkohle, mit Braunkohlenbriketts gemischt, verfeuert. Die Mischung wird durch entsprechende Einstellung der Zuführräder der Bunker selbsttätig ausgeführt.

Die Fördereinrichtung wird auch zur Heranschaffung von Anthrazit für die Generatoren benutzt, indem ein Anthrazitbehälter, der neben der Verteilschnecke aufgehängt ist, zeitweise am Tage mechanisch gefüllt wird. Von hier aus wird der Anthrazit in Eimern mit der Hand in die Generatoren geschüttet. Fig. 30 zeigt die vor den Kesseln liegende Verteilschnecke mit den schrägen Abfallrohren, rechts den abgeschrägten Anthrazitbehälter mit dem Klappenverschluß zum Füllen der Eimer. Der Heizerstand ist der Lüftung des unteren Raumes wegen aus Stabeisen hergestellt.

Um die Heizer gegen die ausstrahlende Wärme zu schützen, sind vor den Kesseln verglaste Eisenrahmen aufgehängt, die auf Rollen laufen und nach Bedarf bequem zur Seite geschoben werden können.

Asche und Schlacke werden von den Kesseln und Generatoren aus dem Untergeschoß des Kesselraumes unmittelbar in die auf dem Hof stehenden Aschenwagen mittels der gleichen Aufzugvorrichtung abgeführt, welche die Kohlen in die Verteilschnecke wirft. Zu diesem Zweck ist unten ein Einschütttrichter angebracht, Fig. 28 rechts, und der Aufzug über den Hof

hinaus gebaut. Bei der Aschenförderung wird über der Hofsohle ein Ablenkrohr angebracht, durch das Asche und Schlacke in den darunter stehenden Aschenwagen fallen; beim Kohlentransport wird das Ablenkrohr weggenommen, so daß das Material auf die unter der Hofsohle liegende Verteilschnecke fällt.

Die mechanische Förderanlage ist von der Peniger Maschinenfabrik, Abteilung Unruh & Liebig, Leipzig, ausgeführt worden und löst die verschiedenen Aufgaben in einfachster und zweckmäßiger Weise. Angetrieben wird die Förderung durch einen 6 pferdigen Elektromotor mittels Riemens und Kegelräder.

Die Decke des unterirdischen Kessel- und Generatorenraumes ist mit preußischen Kappen eingewölbt. Wenn auch etwas Tageslicht durch eingebaute Prismen einfällt, so dient doch zur Beleuchtung im wesentlichen elektrisches Licht. Die Belüftung des Raumes, die mit Rücksicht auf die Gaserzeugungsanlage mit größter Sorgfalt durchgebildet werden mußte, vollzieht sich ebenfalls auf mechanischem Wege, indem durch 2 etwa 500 mm breite, die ganze Breite des Raumes einnehmende Luftschächte die frische Luft vermöge ihres eigenen Gewichtes einfällt, während die warme, verbrauchte Luft durch zwei an der Decke des Generatoren- und Kesselraumes aufgehängte elektrisch betriebene Saugzugventilatoren abgesaugt wird. Selbst im Sommer befindet sich in dem Raum, in erster Linie im unteren Stockwerk, reine

Fig. 27.

Generatoren und Skrubber im Kraftwerk Wertheim, Rosenthaler Straße.

Fig. 28 und 29.   Kohlenförderung im Kraftwerk Wertheim, Rosenthaler Straße.

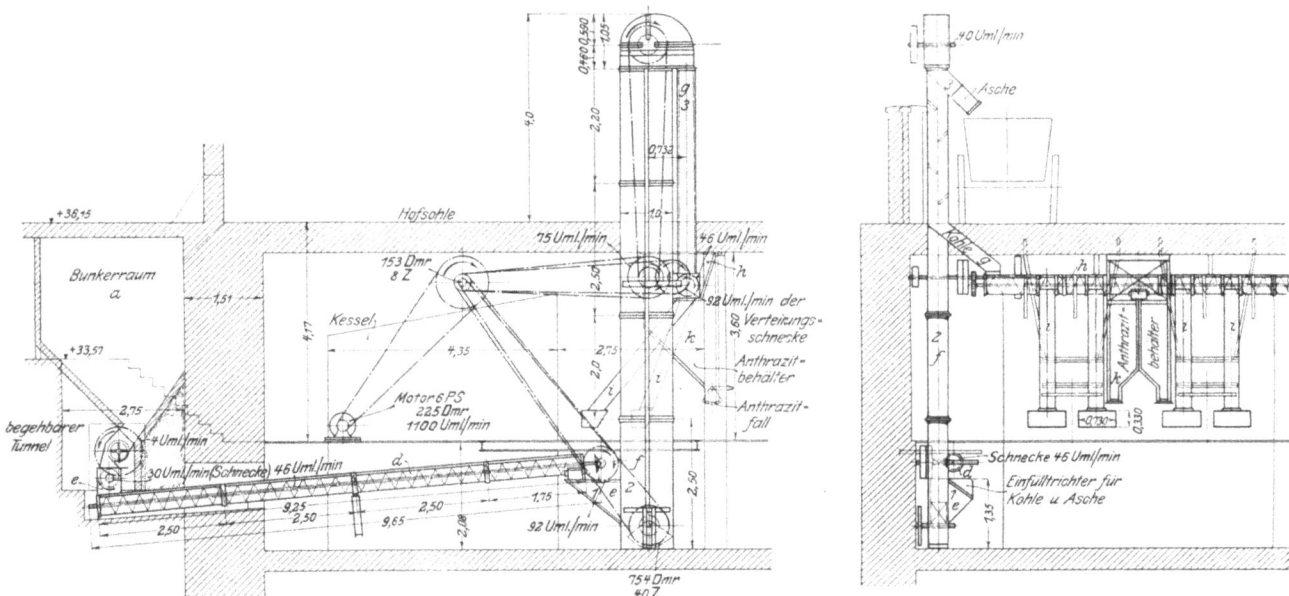

und kühle Luft. Die erzielte künstliche Lüftung ist besser, als ich sie in vielen Generatoranlagen, die Luft und Licht auf gewöhnlichem Wege durch Fenster erhalten, beobachtet habe.

Ebenso gedrängt wie die Gas- und Dampferzeugungsanlage sind die Maschinen aufgestellt, die im benachbarten Kellergeschoß des Geschäftshauses untergebracht werden mußten.

Die beiden Körtingschen Gasdynamos von je 300 PS$_e$, von denen in Fig. 31 eine ersichtlich ist, mußten zwischen die das Gebäude tragenden gemauerten Pfeiler gezwängt werden; sie wurden daher als

Fig. 30.
Mechanische Kessel- und Generatorbeschickung im Kraftwerk Wertheim, Rosenthaler Straße.

luft angelassen, die von einem nach den Patenten des Verfassers von der Firma Weise & Monski, Halle a. S., gebauten elektrisch betriebenen raschlaufenden Rapid-Verbundkompressor[1] erzeugt wird.

An Dampfmaschinen ist außer 3 älteren stehenden Willans-Maschinen von je 50 PS$_e$ eine raschlaufende Dampfdynamo der Maschinenbau-A.-G. vorm. Ph. Swiderski & Co. in Leipzig von 220 PS$_e$ aufgestellt. Diese in Fig. 33 abgebildete Maschine ist im Hochdruckzylinder mit Lentzscher Ventilsteuerung versehen und arbeitet mit 250 Uml./min geräuschlos.

Die Kesselanlage genügt zum Betrieb der sehr wirtschaft-

Fig. 31 und 32.
300 pferdige Zwillings-Gasmaschine des Kraftwerkes Wertheim, Rosenthaler Straße.

Zwillings-Viertaktmaschinen mit dicht nebeneinander liegenden Zylindern und doppelt gekröpften Wellen ausgeführt, s. Fig. 32. Die beiden Steuerwellen liegen an den beiden äußeren Seiten der Zylinder. Die Dynamo sitzt unmittelbar auf der Schwungradwelle. Die Kurbeln stehen in gleicher Richtung, die Arbeitstakte sind aber um 180° versetzt. Mit Rücksicht auf die gefürchtete Fernwirkung sind die Fundamente der Gasmaschinen von denen der Gebäude vollständig getrennt und auf einer Filzdecke von 30 mm Stärke aufgemauert. Die Maschinen werden mittels Druck-

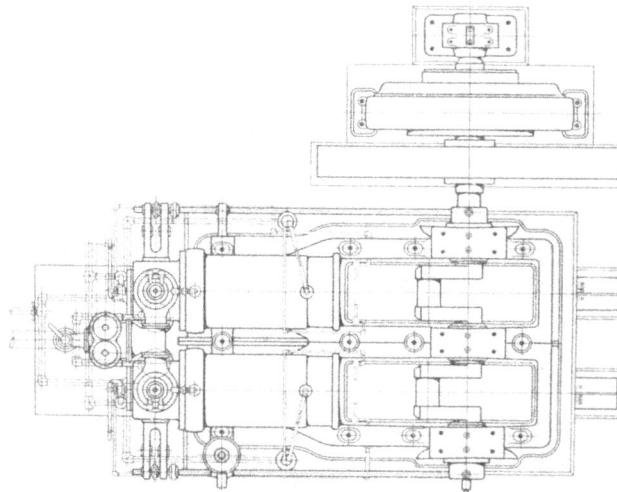

lich mit Heißdampf arbeitenden Lentz-Maschine und einer Willans-Maschine. Der Auspuffdampf der Maschinen wird zur Heizung verwendet. Ist diese nicht erforderlich, so wird mit Sauggas gearbeitet.

Im übrigen ist das Kraftwerk aus bereits oben erörterten Gründen mit Zusatzmaschine und Akkumulatorenbatterie ausgestattet.

Das Kühlwasser der Gasmaschinen wird durch eine elektrisch betriebene Zentrifugalpumpe aus einem Tiefbrunnen gehoben, durch die Gasmaschinen getrieben und

[1] s. Z. 1905 S. 151.

zum größten Teil zur Kesselspeisung verwendet, nachdem es eine im Keller aufgestellte Dehnesche Wasserreinigung durchströmt hat.

Die Anlage arbeitet seit mehreren Jahren zur vollen Zufriedenheit und sehr wirtschaftlich. Die Bedienungsmannschaft hat sich sehr bald an den gemischten Betrieb gewöhnt.

Dampfkraftwerk des Warenhauses A. Wertheim, Leipziger/Voß-Straße.

Während die bis jetzt betrachteten Kraftwerke verhältnismäßig geringe Leistungen aufweisen, erreicht das ebenfalls von mir erbaute Kraftwerk des Warenhauses A. Wertheim, Leipziger/Voß-Straße, mit rd. 3500 PS die Leistung eines bedeutenden großstädtischen Elektrizitätswerkes.

Entsprechend dem Entwicklungsgange dieses Geschäftshauses hat auch die Kraftanlage 3 Perioden durchgemacht. Bei der ersten Erweiterung des Geschäftshauses im Jahre 1900 wurde die alte kleine Dampfanlage[1], die noch in der üblichen Weise in einem besondern Kessel- und Maschinenhaus im Hofraum mit einem gemauerten Schornstein untergebracht war, abgerissen und das neue Kraftwerk nach folgenden Gesichtspunkten entworfen.

Als Betriebskraft war ausschließlich Dampfkraft gewählt worden, weil die Größe des Kraftwerkes wesentlich stärkere Einheiten erforderte, als man mit Gasbetrieb ausführen konnte, weil die Heizung mit der Kraftversorgung vereinigt werden sollte und weil schon bei der ursprünglichen Anlage eine besondere, für alle Fälle ausreichende Abflußleitung für das Kühlwasser von dem Wertheimschen Grundstück nach dem Landwehrkanal mit erheblichem Kostenaufwand gelegt worden war. Das erforderliche Kühlwasser konnte durch Tiefbrunnen leicht beschafft werden. Außerdem wurde schon damals mit einer nochmaligen Erweiterung der Kraftanlage auf etwa 5000 PS gerechnet.

Mit Rücksicht auf den bedeutenden Grundwert in der Leipziger Straße war auf meinen Vorschlag beschlossen worden, die Kraftanlage in das Geschäftshaus einzubauen, so daß sie also nur den wirklich von ihr ausgefüllten Raum in Anspruch nimmt.

Die Maschinenanlage nebst den maschinellen Nebenbetrieben wurde im Kellergeschoß des Geschäftshauses auf-

[1] s. Z. 1898 S. 741 u. f.

gestellt, während die Kesselanlage, bestehend aus 6 Wasserröhrenkesseln, in senkrechter Richtung über dem Maschinenraum im Dachgeschoß untergebracht wurde. Die dazwischen liegenden Geschosse blieben für die Zwecke des Geschäftsbetriebes benutzbar.

Es wurden Dampfmaschinen mit einer Leistung von insgesamt 2100 PS aufgestellt und der Maschinenraum so bemessen, daß später noch eine etwa 1500pferdige Dampfmaschine eingebaut werden konnte. Die Erweiterung des Kesselhauses war in gleicher Weise im Dachgeschoß in Aussicht genommen.

Diese erste einheitliche Anlage ist von mir in Z. 1903 S. 369 u. f. eingehend beschrieben worden, und ich kann darauf verweisen.

Die vor 3 Jahren in Angriff genommene zweite Vergrößerung des Geschäftshauses machte auch eine Verstärkung der Kraftanlage nötig.

Der jetzt eine bebaute Grundfläche zwischen Leipziger Platz, Leipziger Straße und Voßstraße von 16000 qm bedeckende Gebäudeblock hat eine Straßenfront von 150 m allein in der Leipziger Straße. Der Baugrund ist für die

Fig. 33.
Raschlaufende Dampfdynamo mit Lentzsteuerung der Maschinenbau-A.-G. vorm. Ph. Swiderski & Co.

Bebauung aufs äußerste ausgenutzt worden, soweit dies die Bauordnung überhaupt zuließ. Der Rauminhalt der architektonisch mustergültig ausgeführten Gebäude beträgt insgesamt etwa 320000 cbm. Zur Heizung dieses Gebäudeblockes waren stündlich rd. 5500000 WE vorzusehen.

Da in dem vorhandenen, im Dachgeschoß gelegenen Kesselhause neue Kessel nicht mehr aufgestellt werden konnten, wurde nun von vornherein eine so weit gehende Vergrößerung dieses Teiles der Anlage in Aussicht genommen, daß sie auch einer neuen zukünftigen Entwicklung des Geschäftshauses voraussichtlich gewachsen wäre. Zu diesem Zweck sollte die neue Kesselanlage etwa eine Leistung von 15000 kg/st Dampf hergeben können.

Die Maschinenanlage wurde zunächst durch Aufstellung einer 1400pferdigen Tandem-Dampfdynamo auf dem dafür seinerzeit vorgesehenen Raum im Maschinenhause verstärkt. Diese Vergrößerung genügt für den jetzt vollendeten Ausbau des Geschäftshauses, wie er in Fig. 34 im Grundriß dargestellt ist. Die erweiterte Dampfkesselanlage ist damit aber noch nicht vollständig in Anspruch genommen.

Für eine vielleicht später eintretende nochmalige Vergrößerung des Geschäftshauses wurde eine erneute Verstärkung der Maschinenleistung dadurch ins Auge gefaßt, daß die im

Fig. 34. Warenhaus Wertheim, Leipziger/Voß-Straße, Unterkellerung des Grundstücks.

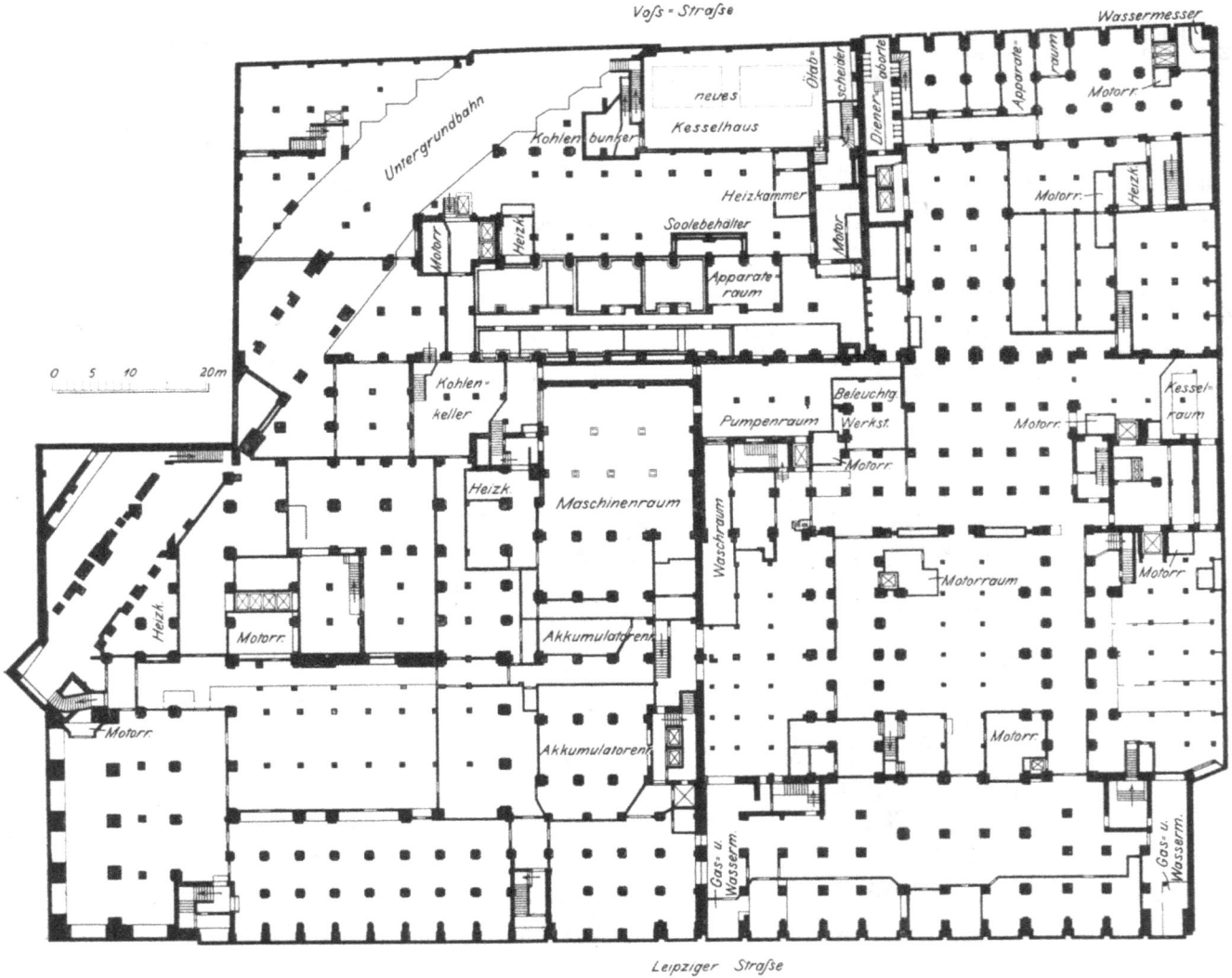

Fig. 37.

1400- und 700 pferdige Dampfdynamos von Franco Tosi im Kellerraum des Geschäftshauses
Wertheim, Leipziger/Voß-Straße.

Maschinenhaus in einer Reihe aufgestellten drei stehenden, unwirtschaftlich arbeitenden Schnellläufer von je 230 PS, die noch aus der ältesten Anlage herrühren und sich wegen der kleinen Einheiten schwer in den nunmehrigen Großbetrieb einfügen, durch eine Dampfturbine von 1500 KW ersetzt werden. Damit würde jedem, auch dem größten Energiebedarf, der auf dem Straßengeviert überhaupt auftreten kann, Rechnung getragen werden können, ohne daß der Maschinenraum vergrößert werden müßte.

Fig. 35 und 36 zeigen den Teil des Gebäudeblockes, in welchem die Maschinenanlagen, das alte und das neue Kesselhaus untergebracht sind.

Der Maschinenraum liegt etwa in der Mitte des Grundstückes im Kellergeschoß. Neben dem Maschinenraum ist ebenfalls im Keller ein Pumpenraum vorhanden, in dem die Speisepumpen und die Wasserreinigung aufgestellt sind; hinter dem Maschinenraum steht die Akkumulatorenbatterie.

Fig. 35 und 36.

Schnitt und Grundriß der Kessel- und Maschinenhäuser des Warenhauses Wertheim, Leipziger/Voß-Straße.

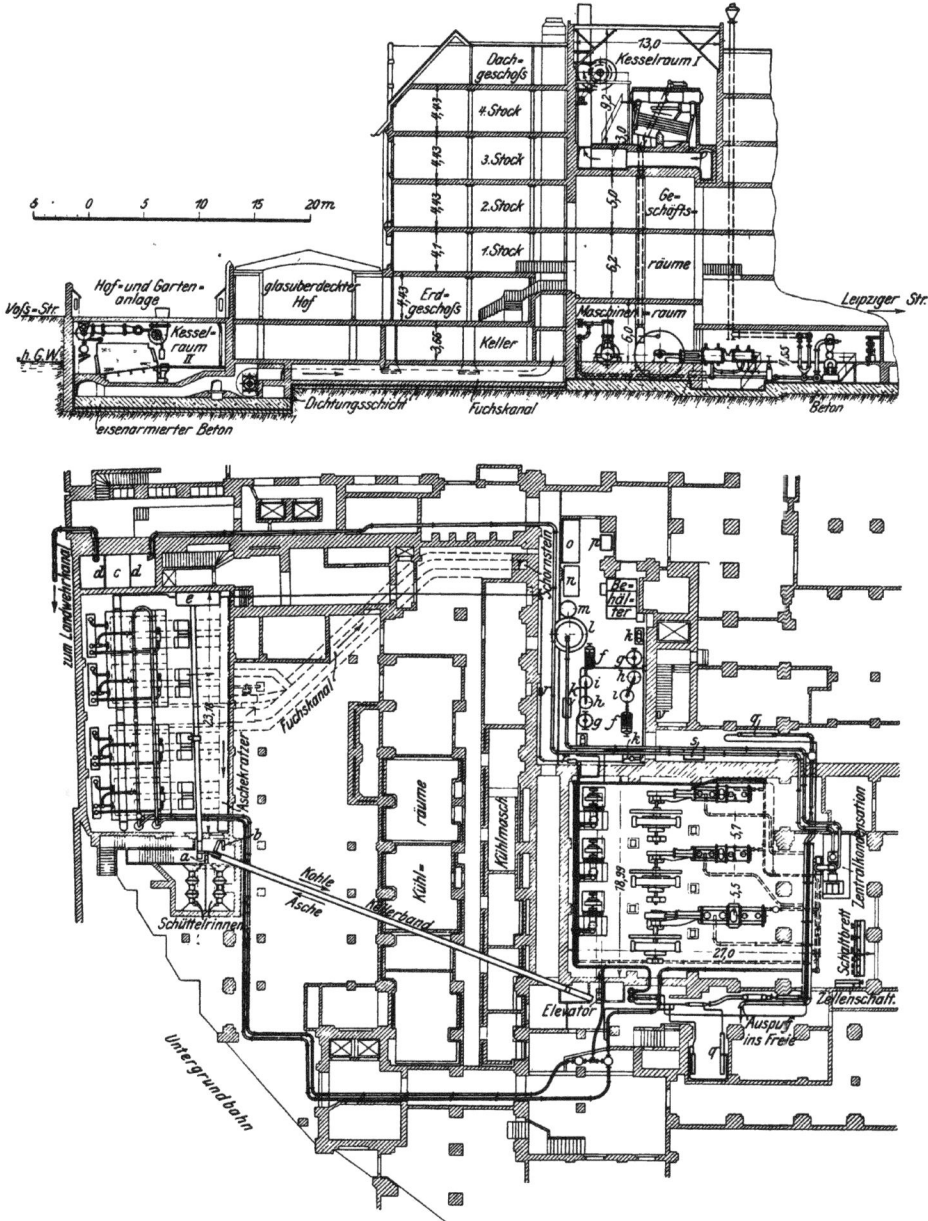

a	Kohlenelevator	f	Filterpressen
b	Aschenelevator	g	Rührbottich
c	Oelabscheider für das Ablaufwasser des Zentralkondensators	h	Vorwärmer
		i	Fällapparate
		k	selbsttätige Speisepumpen
d	Scheidewände	l	Saugbrunnen
e	Hülfspeisewasser	m	Bottich

im Raum für Pumpen

n Sammelbehälter für reines Kondensationswasser aus den Maschinen (im Raum für Pumpen)
o Speisewasserbehälter
p Schlammbecken   q Heizstöcke
r Wassermesser
s Reserve-Speisepumpe

Senkrecht darüber befindet sich das alte Kesselhaus I.

Die bei dem Erweiterungsbau vor 4 Jahren aufgestellte Zentralkondensationsanlage genügte auch noch für die jetzt neu hinzu gekommene 1400 pferdige Dampfdynamo. Es ist dies eine liegende Heißdampf-Tandemmaschine von Franco Tosi in Legnano mit 600/975 mm Zyl.-Dmr., 1200 mm Hub und 110 Uml./min, Fig. 37. Alle Dampfmaschinen der Anlage können mit Kondensation, mit Auspuff für Heizung oder mit Auspuff in die freie Luft betrieben werden.

Da über dem Maschinenraum 2 Geschosse Geschäftsräume liegen und sich darüber das alte Kesselhaus befindet, wird der Baugrund an dieser Stelle außerordentlich stark belastet. Zur Verteilung des Druckes ist unter dem ganzen Maschinenraum eine Betonplatte von 1 m Stärke verlegt worden. Da eine große Zahl Tragsäulen durch den Maschinenraum hindurch geführt werden mußten, war es unmöglich, die Maschinenfundamente von den Gebäudefundamenten zu trennen. Um Fernwirkungen, die aber bei Dampfmaschinen an sich weniger zu fürchten sind, zu vermeiden, hat man die beiderlei Fundamente zu einem zusammenhängenden mächtigen Klotz vereinigt und die Verschneidungen aufs äußerste beschränkt, insbesondere durch Ausführung gußeiserner Anker. Tatsächlich nimmt man auch in keinem der Geschäftsräume wahr, daß sich mitten im Gebäude eine Maschinenanlage von rd. 3500 PS im Betrieb befindet.

Da sich das im Dachgeschoß des Gebäudes gelegene, bei der ersten Erweiterung erbaute Kesselhaus I während des mehrjährigen Betriebes in jeder Beziehung bewährt und zu irgend welchen Anständen keinen Anlaß gegeben hatte, so war zunächst seine Erweiterung in gleicher Weise, also ebenfalls im Dachgeschoß, ins Auge gefaßt worden. Dieser Plan entsprach den gesetzlichen Bestimmungen und war von der in Betracht kommenden sachverständigen Instanz, dem Dampfkesselrevisions-Verein, vorgeprüft worden, ohne daß dagegen irgend welche Bedenken erhoben worden wären. In letzter Stunde wurde jedoch die Ausführung durch einen Erlaß des Handelsministers auf Grund allgemeiner polizeilicher Bestimmungen wegen angeblicher Gefahren verboten. Wenn auch gegen dieses Verbot auf dem gesetzlichen Wege begründeter Einspruch hätte erhoben werden können, so wäre doch der Geschäftsgang einer solchen Anfechtung derart schleppend gewesen, daß der innerhalb von 10 Monaten zu vollendende Bau erheblich in Rückstand geraten wäre. Man mußte sich daher diesem Erlaß wohl oder übel fügen und auf Mittel sinnen, die Erweiterung des Kesselhauses anderweitig unterzubringen.

Um trotzdem keine bebaubare Fläche zu verlieren, schlug ich vor, ein neues Kesselhaus unterirdisch in einem durch Unterkellerung eines Hofes gewonnenen Raum anzulegen. Dieser Weg erschien unbedenklich, da er sich bei der allerdings in viel beschränkteren Grenzen ausgeführten, bereits

in Betrieb befindlichen Anlage an
der Rosenthaler Straße als durchaus gangbar erwiesen hatte.

Die Besitzer der Anlage, die
stets für alles Neue und Zweckmäßige empfänglich sind, gingen
auch auf den Vorschlag ein, besonders da eine Nachrechnung ergab, daß trotz der erheblichen Mehrkosten dieses tief gelegenen Kesselhauses der Vorteil, der in dem Ge-
winn an bebaubarer Fläche lag,
nicht zu teuer erkauft war. So
wurde der ganze zwischen dem
bereits früher hergestellten schma-
len Geschäftsgebäude an der Voßstraße und dem schon damals ausgeführten Tunnel für die Untergrundbahn belegene Hofraum für
das Kesselhaus und für den Kohlenbunker ausgebaut, s. Fig. 34.

Bei dem hochgelegenen Kesselhause werden die Rauchgase durch

Fig. 39 bis 42.   Kesselhaus II im Warenhaus

Fig. 39.   Schnitt A-B.

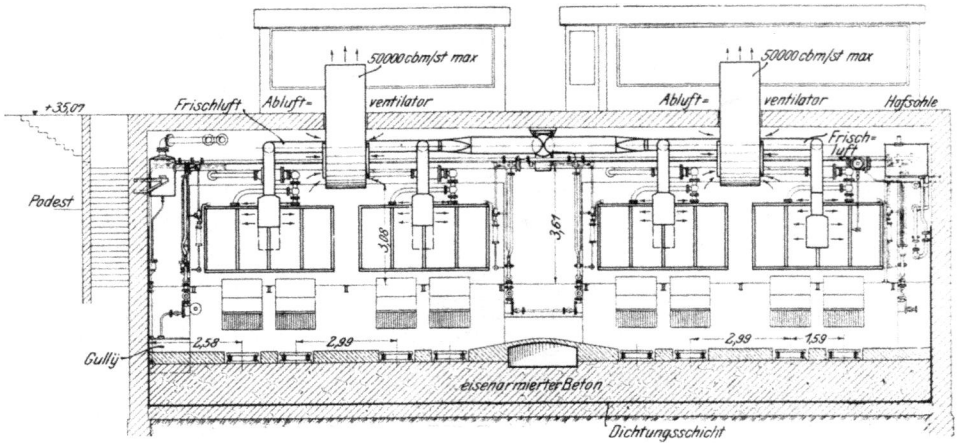

Fig. 40.

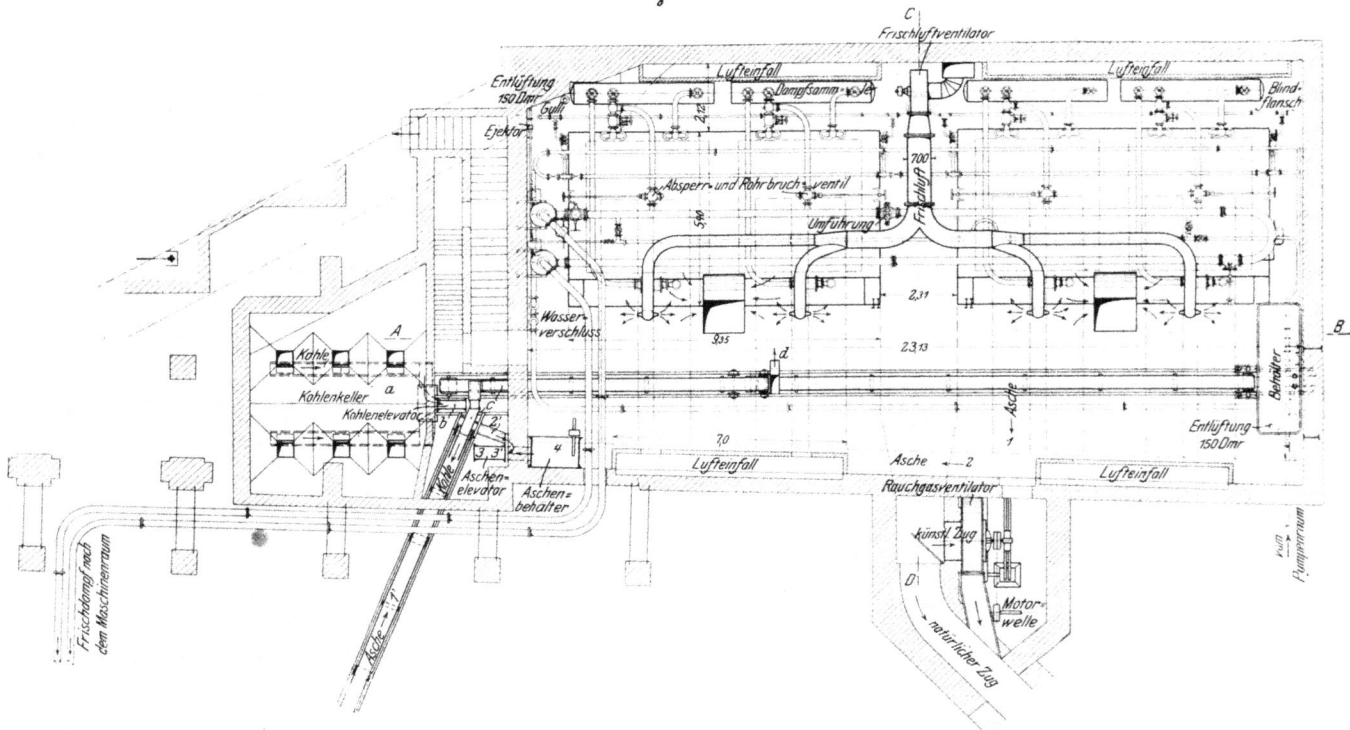

einen Saugzugventilator abgesaugt und über Dach geblasen.
Diese Anordnung hat sich im Betriebe gut bewährt und
sich vor allem auch als ein vorzügliches Mittel zur An-
strengung der Anlage erwiesen; es wurde daher auch für das
neue unterirdische Kesselhaus mechanischer Saugzug
ausgeführt. Außerdem wurden von vornherein für das neue
Kesselhaus mechanische Rostbeschickung und mechanische Kohlenzu- und Aschenabfuhr vorgesehen und
letztere nachträglich auch für das hochgelegene Kesselhaus
ausgeführt.

In dem neuen unterirdischen Kesselhaus mußten Sicherheitsröhrenkessel aufgestellt werden, die den Vorschriften für
unter bewohnten Räumen aufstellbare Kessel genügen. Es
sind 4 Sicherheitsröhrenkessel von Walther & Co. in Dellbrück bei Köln von je 300 qm Heizfläche eingebaut, von
denen je zwei zu einer Batterie vereinigt sind, so daß im
ganzen 1200 qm Heizfläche untergebracht worden sind. Jeder
Kessel ist mit einem Ueberhitzer von 100 qm versehen; außer-

dem ist hinter jedem Kessel ein Dampfsammler, d. s. erweiterte Rohre von je 700 mm Dmr. und 4200 mm Länge, aufgestellt. Durch die Ueberhitzer wird der Dampf auf rd. 320°
bei einem Betriebsdruck der Kessel von $10^1/_2$ at Ueberdruck
überhitzt. Trotz der langen Rohrleitung, deren Durchführung
durch die allen möglichen Geschäftszwecken dienenden Kellerräume schwierig war, gelangt der Dampf mit einer Temperatur von rd. 250° in die Maschinen. Die Ausführung der
umfangreichen, bei den gedrängten Raumverhältnissen sehr
schwierigen Rohranlagen ruhte wieder in den bewährten
Händen von Flach & Callenbach, G. m. b. H., Berlin.

Die Leistung der Sicherheitskessel kann pro qm Heizfläche nur gering angenommen werden. Normal rechnet man
etwa 12 kg/st Dampf auf 1 qm. Bei Versuchen, die ich mit
diesen Kesseln ausgeführt habe, wurden aber auch bis zu
18 kg/st auf 1 qm im Dauerbetrieb verdampft.

Bedingung für den zweckmäßigen Betrieb der Sicherheits-
röhrenkessel ist völlig reines Speisewasser, da sich sonst zu

Wertheim, Leipziger/Voß-Straße.

Fig. 41. Schnitt C-D.

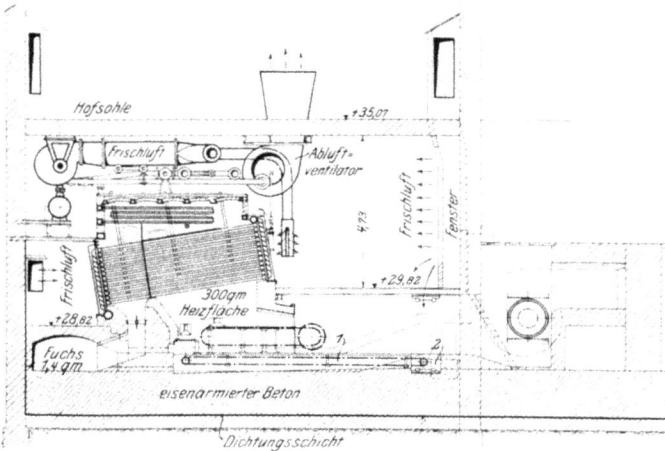

Fig. 42.

Schnitt durch den Kohlenkeller und den Aschenelevator.

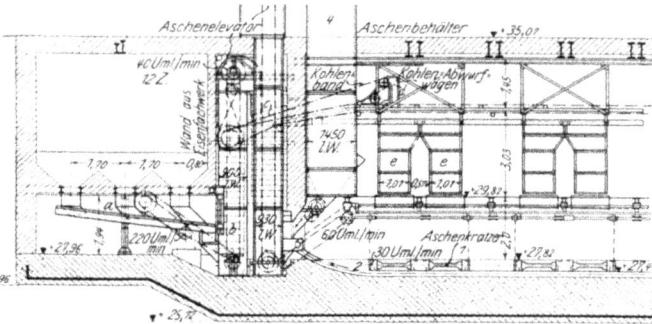

Kohlenförderung.

a Bunker und Schüttelrinnen
b Kohlenelevator
c Förderbänder
d Verteilwagen
e Fülltrichter für Babcock-Kettenroste

Aschenförderung

aus dem neuen Kesselhaus.

1 Querkratzer } für Asche
2 Längskratzer
3 Aschenelevator
4 Aschenbehälter

aus dem alten Kesselhaus.

1' umkehrbares Band
2' Zuführtrichter
3' Aschenelevator

bald Schlamm in den Wasserröhren ansammelt, deren Reinigung zeitraubend und kostspielig ist. Es mußte deshalb von vornherein auch für die Neuanlage eine Erweiterung der Wasserreinigung in Aussicht genommen werden, und es wurde eine solche von Fr. Carnarius, Friedenau, neben der alten Dehneschen Wasserreinigung im Pumpenraum aufgestellt.

Da das Kesselhaus tief in das Grundwasser reicht, mußte es in einem wasserdichten rechteckigen Betonkasten untergebracht werden. Besondere Schwierigkeiten bot das **Ausschachten** des Baugrundes zur Aufnahme des Betonkastens, weil dieser Kasten zu $^2/_3$ seiner Höhe im Grundwasser liegt. Auch mußte der unmittelbar an das Kesselhaus anstoßende Giebel des Nachbarhauses um rd. 6 m unterfangen werden. Die Ausschachtungstiefe, die aus Ersparnisgründen so knapp wie möglich gehalten wurde, ergab sich nach der folgenden Aufstellung zu 9,3 m, wovon rd. 5 m im Grundwasser liegen.

Zur Ausschachtung und Betonierung wurde das Verfahren der Absenkung des Grundwasserspiegels angewendet. Die Absenkung mußte bis auf 5,075 m unter den damals herrschenden Grundwasserstand vorgenommen werden. Die betreffenden Arbeiten wurden von Paul Andrzejewski, Berlin, in der Weise

Oberfläche des Hofes	+ 35,02 m	
» der Voßstraße	+ 35,00 »	
Wandstärke der Decke	0,47	
lichter Raum über dem Heizerstand . .	4,73	
Abstand Heizerstand vom Fußboden . .	2,00	
Fundament des Kessels	0,38	
erste Betonschicht	1,50	
Dichtungsschicht	0,02	
zweite Betonschicht	0,20	9,30 »
Unterkante der Ausschachtung		+ 25,72 m.

ausgeführt, daß eine Anzahl Tiefbrunnen gebohrt und aus diesen das Grundwasser mit elektrisch betriebenen, Tag und Nacht laufenden Kreiselpumpen fortgeschafft wurde. Die Kreiselpumpen wurden zu diesem Zweck zunächst mit ihrer Achse etwa 1 m unter dem vorhandenen Grundwasserstand aufgestellt und dann ein Teil abgesenkt; mit fortschreitender Absenkung wurde diese Art der Montage weitergeführt.

Wegen der örtlichen geologischen Verhältnisse war die Absenkung mit Schwierigkeiten verbunden, die nicht in der Größe der zu bewältigenden Wassermassen lagen, sondern darin, daß der gesenkte Wasserspiegel sehr nahe an sich unter dem Kesselhaus hinziehende Tonschicht rückte, so daß die verbleibende Höhe des Grundwasserspiegels nur noch gering war. Trotz dieser Schwierigkeiten ist die bedeutende Absenkung glatt vonstatten gegangen, wie auch das Unterfangen des Nachbargiebels ohne irgend welche Risse gelungen ist.

Der auf den Kesselhauskasten wirkende Auftrieb des Grundwassers mußte durch eine starke Sohle aufgenommen werden, welche der durch den Auftrieb hervorgerufenen Biegungsbeanspruchung gewachsen war. Außerdem mußte der rechteckige Betonkasten, in den die Kesselanlage einzubauen war, gegen Eindringen des Grundwassers durch eine besondere Dichtungsschicht geschützt werden.

Die in Betracht kommenden statischen Berechnungen sind von Hrn. Ingenieur Kuhn in Schöneberg ausgeführt worden; die Leitung der baulichen Arbeiten lag in den Händen des Hrn. Regierungs-Baumeisters Malachowsky.

Die Höhe der tragenden Betonschicht wurde zu 1,5 m angenommen; darunter wurde noch die Isolierschicht von 20 mm und eine zweite Betonschicht von 200 mm Stärke zum Schutz der letzteren verlegt. Die größte Stützweite der Betonsohlplatte beträgt 13,3 m. Auf 1 qm Grundfläche des Betonkörpers kommen bei einer größten Höhe des Grundwasserspiegels von 5,69 m 5690 kg Auftrieb. Diesem Auftrieb wirkt das Gewicht des Betonkörpers mit 3600 kg auf 1 qm Fläche entgegen, so daß ein unausgeglichener Auftrieb von 2090 kg/qm aufzunehmen ist. Durch diesen Teil des gesamten Auftriebes wird die Platte auf Biegung beansprucht, und diese Belastung muß auf die Seitenwände des ins Grundwasser eintauchenden Betonkastens übertragen werden. Wenn auch die spätere Belastung durch Kettenroste, Kessel und Kesselmauerwerk diesen Teil des Auftriebes mehr als ausgleicht, so mußte doch von vornherein damit gerechnet werden, da der Betonkasten vor Einbau der Kesselanlage vollständig fertigzustellen war.

Um die Betonplatte gegen die Biegungsbeanspruchung zu versteifen, sind in die obere gezogene Faser zur Aufnahme der Zugbeanspruchung **I**-Träger N. P. 15 nach Fig. 38 eingelegt. Das Gewicht der vier Kettenroste der Deutschen Babcock & Wilcox-Dampfkesselwerke beträgt 76 000 kg, das der vier Kessel 148 600 kg und das des Kesselmauerwerkes 320 000 kg, so daß eine Gesamtbelastung von 544 600 kg auf die Betonplatte kommt. Nach Einbau der Kesselanlage wird durch dieses Gewicht nicht nur der verbleibende Auftrieb ausgeglichen, sondern es ergibt sich eine Biegungsbeanspruchung der Betonplatte nach der unteren Seite, die aber mit durch den Baugrund aufgenommen wird.

Fig. 38.

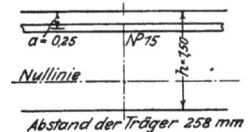

Abstand der Träger 258 mm

Man kann sich das Kesselhaus als einen teilweise eisen-
armierten Betonkasten vorstellen, der gewissermaßen im
Grundwasser schwimmt. Aus Festigkeitsrücksichten durfte
daher auch die Grundplatte nicht von Kanälen durchschnitten
werden. Fig. 39 bis 42 zeigen den Betonkasten mit der darin
eingebauten Kesselanlage. Die Kessel sind zu je zweien zu-
sammengebaut, so daß jeder Kessel von einer Seite zugänglich ist, was sowohl für die Bedienung der Kettenroste wie
für die der Sicherheitskessel erforderlich ist.

Der hinter den Kesseln über der Betongrundplatte ver-
laufende Fuchs, Fig. 41, hat 1,4 qm Querschnitt und ist zwischen den beiden Batterien nach vorn über der Betonplatte zu
einem elektrisch betriebenen Saugzugventilator von Sturtevant
durchgezogen, der in einem kleinen, außerhalb des Kesselhauses liegenden unterirdischen Nebenraum eingebaut ist,
Fig. 40 und 41. Der Ventilator saugt stündlich rd. 60 000 cbm
Rauchgase von 25⁰ ab und gebraucht zu seinem Betrieb
18 bis 20 PS.

Von hier aus werden die Rauchgase durch einen erst
wagerechten, dann senkrecht bis über das Dach verlaufenden
eisernen Kanal abgeleitet, Fig. 35 und 36.

Mit Rücksicht auf die günstigen Erfahrungen, die mit
den Sturtevant-Saugzugventilatoren im älteren Kesselraum gemacht worden sind, ist ein Ventilator als genügend betriebsicher angesehen worden. Zur Sicherung ist lediglich eine
Vorrichtung angebracht, um den Ventilator auszuschalten
und mit natürlichem Zug arbeiten zu können. Der natür-
liche Zug reicht immerhin für mäßigen Betrieb zweier
Kessel aus.

Die Kettenroste, die ganz ausgefahren werden können,
sind durch ein Untergeschoß zugänglich, über dem sich der
eigentliche Raum für die Heizer zur Bedienung der Anlage
befindet.

Der Betrieb der Kesselanlage geht fast selbsttätig vor
sich; die Heizer haben ihn nur zu leiten und zu über-
wachen.

Die Speisung erfolgt für jedes Kesselhaus durch eine
im Pumpenraum neben dem Maschinenraum aufgestellte
Duplex-Speisepumpe, die den Druck in der Speiseleitung
selbsttätig auf der erforderlichen Höhe hält, während der
Wasserstand in den einzelnen Kesseln durch die Vorrichtung
von Hannemann[1] unveränderlich gehalten wird, welche die
Speisung selbsttätig regelt.

Zur Sicherheit sind im Kesselhause selbst außerdem von
der Wasserleitung gespeiste Injektoren aufgestellt, mittels
deren die Heizer bei etwaigem Versagen der selbsttätigen
Kesselspeisung die Kessel mit der Hand zu speisen vermögen.
Im allgemeinen haben die Heizer nur den Dampfdruck zu
beobachten und die Verdampfung durch Aendern der Vor-
schubgeschwindigkeit der Roste, der Schütthöhe und des Zuges
zu regeln.

Auch die Kohlenzu- und die Aschenabfuhr für
beide Kesselhäuser erfolgen auf mechanischem Wege. Diese
Fördereinrichtung, welche von Unruh & Liebig in Leipzig
ausgeführt ist, bildet einen der bemerkenswertesten Teile der
Anlage.

Die Anordnung der Bekohlanlage ist in Fig. 40 und
42 angedeutet. Die Kohlen werden von den Wagen unmittelbar in den zwischen dem neuen Kesselhaus und dem
Tunnel der Untergrundbahn befindlichen Kohlenbunker gestürzt. Dieser Bunker genügt allerdings nur zur Aufnahme
eines Tagesbedarfs, da der Raum beschränkt ist. Er hat
6 trichterförmige Ausläufe, je 3 hintereinander, durch welche
die Kohle auf 2 Schüttelrinnen fällt. Diese führen zu einem
Aufzug zu, der sie hochhebt und nach Belieben auf das zum
neuen Kesselhaus oder das zum alten Kesselhaus führende
Kohlenförderband oder auf beide zugleich wirft. Das aus
Fig. 40 zu ersehende Förderband für das neue Kesselhaus
läuft vor den Kesseln entlang. Die Kohle wird von diesem
Bande durch einen verschiebbaren Abwurfwagen in die vor
jedem Kessel befindlichen Hosenrohre geworfen, die einen
gewissen Vorrat enthalten. Jeder Teil des rechteckigen Hosen-
rohres führt zu einem Kettenrost; jeder Kessel besitzt deren 2.

[1] s. Z. 1905 S. 926.

In Fig. 43 sind die Auslauftrichter der Kohlenbunker
mit der einen Schüttelrinne und der Ablauf zum Kohlenauf-
zug zu sehen. Diese Teile sind alle genügend zugänglich.
Fig. 44 zeigt das obere Stockwerk (Heizerstand) im neuen
Kesselhaus mit dem durch Blechverschalung verkleideten
Längsband und den als Kohlenbehälter ausgebildeten schrä-
gen Hosenrohren, die die Kohlen auf die Kettenroste leiten.
Die Hosenrohre sind in der Mitte geteilt und hängen auf
Rollen, damit sie seitlich verschoben werden können, um

Fig. 43.
Raum unter dem Kohlenbunker mit Kohlentrichtern
und Schüttelrinne.

das Herausnehmen der Wasserrohre nicht zu verhindern.
An der Wand im Hintergrund sieht man die Hülfsspeiseein-
richtungen durch Injektoren.

Fig. 45 stellt das untere Stockwerk des neuen Kesselhauses mit den Kettenrosten und darunter die zur Entfer-
nung der Asche dienenden mechanischen Aschenkratzer dar.

Das zweite Förderband für das alte Kesselhaus geht quer
durch einen Teil des Kellerraumes des Geschäftshauses zu

Fig. 44.
Heizerstand mit Kohlenförderband und Ablaufrohren
zu den Kettenrosten (Obergeschoß).

einem nach dem alten Kesselhaus führenden Becherelevator,
s. Fig. 36. Von diesem wird die Kohle in das im Dachgeschoß befindliche Kesselhaus gehoben, wo sie durch eine Verteilschnecke vor den Kesseln niederfällt, da die alten
Kessel noch nicht mit mechanischer Rostbeschickung versehen sind.

Asche und Schlacke werden aus beiden Kesselhäusern
ebenfalls auf mechanischem Wege abgeführt. Zu diesem Zweck
erhält das die Kohle zum alten Kesselhaus schaffende Förder-

band zeitweise entgegengesetzte Bewegungsrichtung. Die Asche wird aus dem alten Kesselhaus mit der Hand in einen außen am Gebäude befindlichen eisernen Schacht gestürzt, von wo aus sie durch eine Aufgabevorrichtung auf das Förderband gelangt. Diese besteht aus einer Schüttelrinne, die die Asche einem Abwurftrichter zuführt, welcher beim Kohlentransport angehoben, beim Aschentransport aber bis auf das Band herabgesenkt wird. Zum Schutz gegen Herabfallen der Asche sind 2 seitliche Leitbleche angebracht.

Das für den Aschentransport in umgekehrter Richtung laufende Förderband bringt die Asche in einen im Bunkerraum stehenden Aufzug, der sie auf den Hof hebt und in die Aschenwagen stürzt.

Im neuen Kesselhause werden Asche und Schlacke von Zeit zu Zeit durch Aschenkratzer, die unter jedem Kettenrost liegen, herausgeschoben. Ein solcher Kratzer besteht aus 2 Gallschen Ketten ohne Ende mit dazwischen angeordneten, senkrecht stehenden Blechen, die annähernd in eine rechteckige Bahn passen und die Asche darin vor sich her schieben, s. Fig. 41 und 42. Die durch diese

Diese mechanische Fördereinrichtung, die ausschließlich durch Elektromotoren angetrieben wird, spart an Zeit, Raum und Bedienung. Sie gewährt tatsächlich die einzige Möglichkeit, dem mitten im Gebäudeblock gelegenen Kesselhaus II, das von außen durch keinen Hofraum mehr zugänglich ist, Kohlen mit geringster Raum- und Arbeitsinanspruchnahme zuzuführen.

Der ausgedehnte, 2 Geschosse umfassende unterirdische Kesselraum II mußte mit ausreichender Lüftung versehen werden, die, da die Decke des Kesselraumes unter dem Hof überwölbt und geschlossen ist, nur durch mechanische Mittel erreichbar war.

Als Grundlage für die Berechnung der Lüftanlage war die Forderung aufgestellt, daß die von den Kesseln und Rohrleitungen ausgestrahlte Wärme durch den Luftwechsel soweit abgeführt werden mußte, um einen dauernden erträglichen Aufenthalt der Heizer vor den Kesseln zu ermöglichen.

Im Sommer sollte bei einer Außentemperatur von 20^0 die Innentemperatur, in der Höhe des Heizerstandes gemessen, nicht mehr als 25^0 betragen.

Fig. 45.

Babcock & Wilcox-Kettenroste und mechanische Aschenkratzer (Untergeschoß).

Querkratzer unter den Kettenrosten herausgeholte Asche wird in eine Längsrinne geschoben, Fig. 40 und 41, welche an der Wand gegenüber den Kesseln entlangführt. Von hier wird sie wiederum durch Kratzer dem schon erwähnten Aschenaufzug zugeführt, Fig. 40, der sie auf den Hof emporhebt und nach Belieben in die bereit stehenden Fuhrwerke abwirft oder in einen neben dem Aufzug stehenden rechteckigen Aschenbehälter entleert, in welchem sie bis zum Abfahren aufbewahrt werden kann. Aus diesem Behälter fällt die Asche wieder in den Aufzug, falls sie in die auf dem Hof stehenden Wagen geworfen werden soll.

Die auf den ersten Blick verwickelt erscheinende Kohlen- und Aschenförderanlage hat sich im jetzt zweijährigen Betrieb als durchaus betriebsicher und zweckentsprechend erwiesen.

Einige Schwierigkeiten machte das umkehrbare Kohlen-Aschenband, das wegen dieser Umkehrbarkeit besonders sorgfältig geführt werden mußte und das zudem an einer großen Zahl von Säulen des Kellergeschosses vorbeidrängen muß.

Das Aschenband ist in einem Kasten eingeschlossen, so daß kein Staub in die benachbarten Räumlichkeiten gelangt. Selbstverständlich ist dafür gesorgt, daß es leicht besichtigt werden kann.

Die gesamte Oberfläche der im Kesselhause vorhandenen, gegen Wärmeausstrahlung sorgfältig isolierten Eisenteile und des Kesselmauerwerkes wurde zu 300 qm ermittelt, von denen angenommen wurde, daß sie stündlich im ungünstigsten Falle 500 WE/qm ausstrahlen würden. Dies würde einer stündlich abzuführenden Gesamtwärmemenge von 150 000 WE entsprechen. Rechnet man, daß bei einer Temperaturzunahme von 5^0 1 cbm Luft 1,5 WE abführt, so waren bei den oben angegebenen Temperaturverhältnissen demnach rd. 100 000 cbm Luft stündlich von außen nach innen bezw. von innen nach außen zu schaffen. Da der Rauminhalt über dem Heizerstande rd. 1850 cbm beträgt, so würde bei dieser im Sommer nötigen Lüftung ein rd. 50 maliger Luftwechsel stündlich erforderlich werden. Im Winter, wo die Außentemperatur wesentlich niedriger ist, wird etwas weniger als die Hälfte dieses Luftwechsels genügen, um eine gleichmäßige gute Temperatur im Kesselhaus zu halten, da auch ein großer Teil der Wärme durch Transmission der Decken und Wände verloren geht.

Die von der Firma Danneberg & Quandt, Berlin, ausgeführte Lüftanlage ist derart angeordnet, daß die kalte und mithin schwerere Luft durch Außenschächte einfällt und die warme Luft an der Decke des Kesselhauses durch 2 Abluftventilatoren abgesaugt wird. Jeder dieser elektrisch betriebenen Ventilatoren ist mit 2 seitlichen Saugöffnungen versehen und vermag stündlich 50 000 cbm Luft fortzuführen.

Die Exhaustoren, die bei 300 Uml./min einen Kraftaufwand von je 4,5 PS erfordern, sind so aufgestellt, daß die warme Luft möglichst gleichmäßig abgesaugt wird. Durch die Abluftrohre wird die warme Luft unmittelbar ins Freie gedrückt; es ist jedoch auch Vorsorge getroffen, diese Rohre über Dach zu führen, um die schlechte Luft erst oben austreten zu lassen.

Jeder Antriebmotor für die Exhaustoren ist mit einem Regulierwiderstand versehen, durch den die Umlaufzahl entsprechend der Temperatur verändert werden kann.

Die frische Luft tritt durch die beiden den Exhaustoren auf jeder Seite gegenüber stehenden, in Fig. 39, 40 und 41 dargestellten Frischluftschächte ein, die je einen lichten Querschnitt von 6 × 1,25 qm haben und bis auf 1,25 m über den Fußboden des unteren Stockwerkes hinuntergehen.

Die frische Luft tritt teils hinter den Kesseln aus und verbreitet sich von hier aus vor allem in den seitlichen Gängen, teils tritt sie vor den Kettenrosten aus und steigt durch den durchlässig ausgeführten Heizerstand zu den Ventilatoren auf. Dank dieser Anordnung werden die Heizer niemals unmittelbar von kalter, sondern stets von langsam strömender, etwas angewärmter Luft getroffen.

Um dem Heizerstand im Sommer auch unmittelbar frische Luft zuzuführen, ist ein dritter Frischluftventilator in der Mitte des Kesselraumes vorgesehen, der Luft von außen ansaugt und an 4 Stellen vor den Kesseln (s. Fig. 40) in der Höhe von etwa 1,2 m ausströmen läßt. Um kalten Zug zu vermeiden, hat man Vorkehrungen getroffen, daß die hier zugeführte frische Luft im Winter durch Dampf vorgewärmt werden kann.

Dieser Zuluftventilator hat Saugöffnungen von 600 mm l. W. und fördert 12 000 cbm/st frische Luft vor die Heizerstände; er macht 500 Uml./min und verbraucht 4 PS.

Die den Heizerständen gegenüber liegenden Einfallschächte sind in der ganzen Höhe des Raumes durch unterteilte Fenster verschlossen, so daß man nach Belieben Luft an jeder Stelle eintreten lassen oder abschließen kann. Dies hat sich als äußerst zweckmäßige Maßnahme erwiesen, da die Heizer die Luftströmung in jeder gewünschten Weise selbst regeln können. Tatsächlich hat sich ergeben, daß die Luft sowohl im Unter- wie im Obergeschoß des Kesselraumes II in allen Teilen durchaus angenehm ist. Es ist das ein Beweis, daß durch geeignete, sachverständig angelegte Lüfteinrichtungen selbst allseitig vom Mauerwerk umschlossene Räume in vollkommenster Weise gelüftet werden können.

Die Behörde hat auf eine gute Ausführung der Lüftanlage besonderen Wert gelegt und die Genehmigung zum Bau des Kesselhauses nur unter der Bedingung erteilt, daß die Lüftanlage in allen Teilen den gestellten Bedingungen entspräche. Die Firma Danneberg & Quandt mußte daher auch weitgehende Gewähr übernehmen, die, wie die Erfahrung gezeigt hat, in jeder Beziehung erfüllt worden ist.

Betrieb und Bauvorgang.

Es würde zu weit führen, auf alle Einzelheiten dieses großen, bemerkenswerten Kraftwerkes einzugehen; die Beschreibung ist daher lediglich auf die neuesten und wesentlichsten Punkte beschränkt worden.

Die neue Anlage ist jetzt 2 Jahre im Betrieb und hat den Erwartungen in bezug auf Betriebsicherheit und auch auf hohe Wirtschaftlichkeit entsprochen. Leider gestatten die Besitzer der Anlage nicht, die günstigen Erstellungskosten für die KW-Stunde mit und ohne Heizung mitzuteilen.

Die beiden Kesselhäuser und die Maschinenräume sind durch verschiedene Signalvorrichtungen: Telephon, Sprachrohr und elektrische Fernmelder, miteinander verbunden.

Da sich das Kesselhaus II mit den Sicherheitsröhrenkesseln und den Babcock-Rosten seiner Natur nach mehr für gleichmäßige Belastung eignet, so wird der Betrieb nach Möglichkeit derart durchgeführt, daß das Kesselhaus I mit den gewöhnlichen Wasserrohrkesseln in der Regel die Schwankungen des Betriebes deckt, während das Kesselhaus II gleich-

mäßig beansprucht wird. Die Verständigung erfolgt vom Maschinenraum aus. Von hier werden auch die Befehle an die Kesselhäuser entsprechend den Betriebserfordernissen übermittelt.

Der erzeugte Strom wird zum großen Teil für Beleuchtung verwendet, doch spielt auch die Kraftübertragung immerhin eine bedeutende Rolle. Allein schon die zum Betrieb der Hülfsmaschinen, der Ventilatoren und der Bekohlanlage usw. notwendigen Elektromotoren sind zahlreich. Hierzu kommen noch die zahlreichen Elektromotoren zum Betrieb der Ventilatoren des Hauses, der Personen- und Lastenaufzüge und der Hülfsmaschinen für den Geschäftsbetrieb. Unter den letzteren seien nur die Kältemaschinen erwähnt: 2 Kohlensäuremaschinen von zusammen 140 000 WE/st Leistung, die eine Reihe von im Keller gelegenen Kühlkammern zur Aufbewahrung von Pelzwerk und Lebensmitteln bedienen.

Einen ungefähren Ueberblick über den Umfang der technischen Anlagen der Wertheimschen Geschäftshäuser in der Rosenthaler und in der Leipziger/Voß-Straße gibt Zahlentafel 4.

Zahlentafel 4.

Kraftwerke der Wertheimschen Geschäftshäuser

	in der Rosenthaler Straße	in der Leipziger/Voß-Straße
1) Grundfläche des Baulandes qm	5 700	—
2) davon bebaut »	4 078	16 014
3) Kubikraum der Gebäude cbm	80 000	320 000
4) z. Heizung erforderlich rd. WE/st	2 000 000	5 500 000
für Küchen rd. »	55 000	215 000
5) aufgestellte Kraftmaschinen:		
a) Dampfmaschinen	3 Willans-Maschinen zu je 50 PSe, 1 Lentz-Maschine zu 220 PSe	2 Tandemmaschinen zu je 700 PSi, 1 Tandemmaschine zu 1400 PSi, 3 Schnelläufer zu je 230 PSi, zusammen 3500 PSi
b) Generator-Gasmaschinen	2 Zwillings-Viertakt-maschinen zu je 300 PSe	—
6) Dampfkessel	3 Sicherheitsröhren-kessel mit zusammen 355 qm Heizfläche	6 Röhrenkessel, 4 Sicherheitsröhren-kessel mit zusammen 2685 qm Heizfläche
7) größte Dampferzeugung kg/st	6 000	59 000
8) Akkumulatorenbatterien	1 zu 3000 Amp-st, 1 » 300 »	1 zu 7200 Amp-st
9) Anzahl und Energiebedarf der Elektromotoren	35 Stück mit 50 KW	105 Stück mit 208 KW
im einzelnen:		
1) für Aufzüge	8 » » 29 »	32 » » 118 »
2) » Lüftzwecke	18 » » 6 »	50 » » 20 »
3) » Kühlzwecke	4 » » 10 »	7 » » 55 »
4) » andre Zwecke	5 » » 5 »	16 » » 15 »
10) Beleuchtung: größter Strombedarf KW	550	1 530
a) Bogenlampen Stück	87	520
b) Glühlampen »	1 088	11 219
c) Nernst-Lampen zu 1 Amp »	—	1 270
» » 1/2 »	—	113
» » 1/4 »	780	7 050
Osmiumlampen »	—	1 884
11) Tagesleistung im Winter (norm. Betrieb) rd. KW-st	4 800	16 000
12) Aufzüge: a) Personenaufzüge Stück	4	19
b) Hebebühnen bezw. Warenaufzüge »	3 + 1 Paternosterwerk	11 + 2 Paternosterwerke
13) Kühlmaschinen (Kohlensäure) und deren Stundenleistung	1 zu 17 500, 1 zu 6500 WE	2 zu 70 000 WE

Man ersieht aus den vorstehenden Ausführungen, wie der moderne Geschäftsbetrieb dieser Warenhäuser sich die Maschinentechnik in allen ihren Formen zunutze zu machen versteht, und wie man den großen wirtschaftlichen Vorteil erkannt und ausgenutzt hat, der darin liegt, daß die verschiedenen Bedürfnisse für Licht, Kraft, Heizung, Kälte und

Lüftung planmäßig durch einheitlich und vorteilhaft arbeitende Kraftwerke befriedigt werden. Sehr zum Nachteil der Besitzer solcher Anlagen wird diese planmäßige, einheitlich gegliederte Gesamtenergieversorgung viel zu wenig ausgeführt.

Bemerkenswert beim Bau dieser Kraftwerke ist ferner die Schnelligkeit, mit der die Bauten ausgeführt worden sind. Vom Abreißen der alten Gebäude bis zur Eröffnung des Geschäftshauses verlief kaum eine größere Spanne Zeit als 10 bis 12 Monate. Wenn auch die Baukosten bei der außerordentlich schnellen Bauausführung etwas größer sind als bei langsamerer Ausführung, so werden doch diese Mehrkosten durch die frühere Verzinsung des beteiligten Kapitales infolge der verfrühten Gebrauchsfähigkeit des Geschäftshauses mehr als gedeckt.

Für den Ingenieur jedoch, der die verschiedenen maschinellen Anlagen zu entwerfen hat, bedeutet diese rasche Bauausführung eine wesentliche Erschwerung seiner Aufgabe, da in kürzester Zeit die Hauptumrisse der Maschinenanlage festgelegt sein müssen; es muß schon mit dem Bau begonnen werden, bevor die Einzelentwürfe in Angriff genommen werden können. Da nun außerdem die Raumausnutzung an sich bis auf das äußerste getrieben ist, so ist es leicht erklärlich, daß spätere Aenderungen überhaupt kaum ausführbar sind, und daß von vornherein mit völliger Sicherheit verfügt werden muß.

Bei diesen schwierigen Arbeiten hat mich mein früherer Assistent, Hr. Dipl.-Ing. Schachian, der jetzt die Maschinenanlagen der Wertheimschen Geschäftshäuser leitet, in umsichtiger Weise unterstützt, wie ich hier gern anerkenne.

Kommissionsverlag und Expedition der Zeitschrift des Vereines deutscher Ingenieure: Julius Springer, Berlin N.
Buchdruckerei A. W. Schade. Berlin N., Schulzendorferstr. 26.